# はじめに

パソコンやスマートフォン、タブレットの普及　　　　　　に進め、私
たちの生活と切り離せないものとなっていま。

便利になった一方で、インターネット上では誹謗　　やいじめなどのト
ラブル、情報流出やウイルス感染による事故など多くの社会問題が発
生しています。

このような問題を回避するために、現代人には情報を正しく判断する能
力である「情報モラル」、インターネットを安心して利用するための「情報
セキュリティ」に対する知識が求められています。

本書では、日常生活の様々な場面で起こりうる情報モラルや情報セキュ
リティ対策を問われる問題について、事例やイラストを用いてわかりや
すく解説しています。

どこに問題があったのか、どうすればトラブルを回避できたのか、自分
自身で考えながら読み進めてください。

本書を通して、情報モラルと情報セキュリティ対策の知識を深め、日常
生活にいかしていただければ幸いです。

2020年2月11日
FOM出版

# Contents 目　次

## Introduction 本書をご利用いただく前に

本書で学習を進める前に、ご一読ください。

### ▲1 内容について

● 本書は、パソコンを利用する上でしっかり身に付けたい「情報モラル」とネット社会で身を守るための必須スキルである「情報セキュリティ」に対する知識を習得することを目的としています。

● 日常生活の様々な場面で、どこに問題があったのか、どうすればトラブルを回避できたのかを、事例やイラストを用いて、わかりやすく解説しています。

● 各Stepに、事例に関する確認問題「Let's Try ためしてみよう」を用意しています。また、確認問題の解答と解説は各章末に記載しています。

### ▲2 本書の記述について

本書で使用している記号には、次のような意味があります。

| 記述 | 意味 | 例 |
|------|------|-----|
| 「　　」 | 情報モラルや情報セキュリティ対策に関する用語や重要な語句を示します。 | 「個人情報保護法」とは、… |

**事例** 　具体的な事例の紹介

**用語** 　重要な語句の説明

**Let's Try ためしてみよう** 　事例に対しての確認問題

**More** 　補足的な説明や豆知識

### ▲3 学習環境について

本書P.84、P.85に記載されているWindowsの操作は、次のバージョンを前提にしています。

● Windows 10（ビルド 18363.535）

# ■第1章■

# 情報化社会の
# モラルとセキュリティ

# Step1 情報モラルとは何か？

情報化社会では、様々な情報を入手したり、自分の意見を世界中に発信したり、自宅にいながら多くの人とコミュニケーションが取れたりと、多くのメリットを享受できます。一方でデジタル作品のコピーのことが問題になったり、不適切な発言からブログが炎上したり、ネット上でのトラブルが事件に発展するなど、影の部分も見られます。

これらは、すべてパソコンやインターネットなどの技術のせいなのでしょうか。

そんなことはありません。それらの技術を使いこなす私たちひとりひとりのモラルと良識が問われているのです。

モラルとは「道徳、倫理」の意味であり、良識とは「ものごとを正しく判断する能力」のことです。このようなモラルや良識が備わってこそ、インターネットを効果的に活用でき、その恩恵を被ることができるのです。

それでは、あなた自身は日常的にモラルや良識を心がけてパソコンやインターネットを活用できているでしょうか。確認してみましょう。

## ■チェックしてみよう

| No. | 確認事項 | チェック |
|-----|---------|---------|
| 1 | ブログなどのソーシャルメディアに友人の写真を公開するときには、本人の許可をもらっている | ☐ |
| 2 | ブログなどのソーシャルメディアに、インターネットで見つけた画像やイラストを無断で投稿していない | ☐ |
| 3 | レポートや論文などを、インターネットからのコピペで安易にすませていない | ☐ |
| 4 | レポートや論文作成において、引用は最低限にして、出典を明記している | ☐ |
| 5 | 購入したCDやDVDを、友人に頼まれたからといって、コピーを作成して渡していない | ☐ |
| 6 | TV番組を動画サイトに投稿していない | ☐ |
| 7 | インターネットやオンラインゲームなどを楽しむ場合、適切な時間の範囲内にすることを心がけている | ☐ |
| 8 | 先生や先輩にメールを送るときには、カジュアルではない書き方を実践できている | ☐ |
| 9 | お互いに面識のない複数の人に一斉にメール送信するときには、BCCを使っている | ☐ |
| 10 | ブログなどのソーシャルメディアで匿名のコメントをするときに、ほかの匿名のコメントの雰囲気に影響されて刺激的なコメントを残したりしていない | ☐ |
| 11 | インターネットで情報を入手し、ほかの人に伝える前に「その情報が正しいのか」を確認するようにしている | ☐ |
| 12 | 自分の趣味や関心のあることをまとめて、ブログなどのソーシャルメディアで情報発信している | ☐ |
| 13 | 災害時にソーシャルメディアがどう使えるのか、使い方をチェックしたことがある | ☐ |
| 14 | ブログなどのソーシャルメディアに記事を書く前に「その内容は他人を不愉快にさせる内容ではないか」を考えるようにしている | ☐ |
| 15 | バイト先や学校で悪ふざけをしたり、また、そのような内容の記事や画像をブログなどのソーシャルメディアに投稿したりしないように気を付けている | ☐ |
| 16 | 友人とのメッセージのやり取りについて、すぐに返信がなくても焦らず、相手のペースを考慮してコミュニケーションを楽しむようにしている | ☐ |
| 17 | モバイルカメラで講義の様子を録画したり板書を写したりするときには、講師に許可を得ている | ☐ |

情報化社会のモラルとセキュリティ

個人情報の適切な取り扱い

デジタル時代の著作権

ネット社会に潜む危険と対策

メールによるコミュニケーション

Webによるコミュニケーション

モバイル機器の活用と管理

確認結果はいかがでしたか。

「当たり前だ」と思ったものがあったかもしれませんし、初めて聞く言葉もあったかもしれません。そもそも「モラル」や「良識」とは何でしょうか。最初に、「道徳、倫理」「ものごとを正しく判断する能力」という意味であることを書きました。ここでは、もう少し突っ込んで考えてみましょう。

これらの言葉は、インターネットが出現する遥か昔からある言葉です。インターネットが普及し、様々な情報がデジタルデータでやり取りされる情報化社会に対して、現実社会があります。モラルや良識とは、もともとは現実社会で「**あなた自身が、他人や社会と関わるうえで必要な知恵やスキル、能力**」といえるでしょう。そのように考えた場合、現実社会においても、デジタル化された情報化社会においても、他人や社会との関わり合い方に本来、大きな違いはありません。いずれも「**相手のこと、社会のことを自分のことのように考え、実践していくこと**」がモラルや良識の基本的な考え方のはずです。

それではなぜ、改めて「**情報モラル**」が問われているのでしょうか。

それは基本的なモラルや良識の考え方が変わらないとしても、インターネットの特性に応じて、これまで当たり前だったことを、もう一度意識する必要があるからです。例えば、現実社会では紙の書籍を一冊まるまるコピーしようとすると大変な労力がかかります。ですが、デジタル化された情報は、どんな大きなテキストファイルも一瞬でコピーできてしまいます。著作権の侵害という行為が、現実社会とは比べ物にならないぐらい簡単にできてしまうのです。

つまり、デジタル化の進んだ情報化社会の特性に応じて、これまでのモラルや良識を、再度見直す必要があるのです。

# ■情報化社会の良識　10箇条

| 1 | 著作権、肖像権、パブリシティ権を守る | → P.15, P.21, P.23 |

| 2 | 引用のルールを理解し、レポート作成などで正しく引用できる | → P.23, P.25 |

| 3 | CD/DVDの貸し借りや複製、動画サイトや電子書籍の利用について正しく理解し、実践できる | → P.27, P.29 |

| 4 | ネット中毒の弊害を理解し、友人とのメッセージのやり取りではお互いのペースを尊重するなど、節度を持ってインターネットを活用できる | → P.43 |

| 5 | メールやメーリングリストのマナーを理解し、正しく使いこなせる | → P.49, P.51 |

| 6 | 情報の信頼性・信ぴょう性とは何であるかを理解し、情報を見極めることができる | → P.55, P.69 |

| 7 | SNSの有効性とマナーを理解し、適切に情報を発信できる | → P.57, P.65, P.67, P.69 |

| 8 | 災害時のSNSの活用について理解し、備えている | → P.59 |

| 9 | バイトテロやソーシャルメディアの炎上が起きる原因を理解し、自らそのような行動をとったり助長したりしない | → P.63 |

| 10 | モバイル機器のアプリやクラウドサービスの特徴を理解し、活用できる | → P.73, P.77, P.79 |

情報化社会の
モラルとセキュリティ

個人情報の
適切な取り扱い

デジタル時代の
著作権

ネット社会に潜む
危険と対策

メールによる
コミュニケーション

Webによる
コミュニケーション

モバイル機器の
活用と管理

## Step2 情報セキュリティ対策はなぜ必要か?

情報化の進展により、パソコンやインターネットは、今やビジネスでもプライベートでも必要不可欠なものになり、そこで取り扱われる情報の重要度も増しています。ビジネスでは社外秘の資料や各種名簿、プライベートでは住所録やオンラインバンキング・クレジットカードの利用など、重要な情報が日常的に扱われています。

このような状況の中で、情報セキュリティ対策は、ネットワークやパソコンなどを不正な行為から守り、そこで取り扱われる重要な情報を守るために、必要不可欠なことです。情報化社会において、新しい脅威が現在でも増え続けており、情報セキュリティ対策の重要性は日々増大しています。

それでは、あなた自身、きちんと情報セキュリティ対策をとれているでしょうか。確認してみましょう。

### ■チェックしてみよう

| No. | 確認事項 | チェック |
|---|---|---|
| 1 | 初めて利用するネットショップやWebのサービスでは、利用規約やプライバシーポリシーを確認している | ☐ |
| 2 | 画像をインターネットに投稿するときは、そこから自分や友人の個人情報が判別されないか確認している | ☐ |
| 3 | セキュリティソフトをインストールしている | ☐ |
| 4 | 定期的にOSのアップデートをしている | ☐ |
| 5 | 定期的にウイルス定義ファイルを更新している | ☐ |
| 6 | ウイルスに感染した場合の対処方法を理解し、実践できる | ☐ |
| 7 | パスワードを付箋に書いてパソコンに貼るなど、人目につくところに記載していない | ☐ |
| 8 | パスワードをわかりにくいものにして、定期的に変更している | ☐ |
| 9 | ネットからの攻撃は、特定の企業や人物をターゲットとして仕掛けられることがあることを理解している | ☐ |
| 10 | ネットショッピングやネットオークションで、どんなトラブルが起こり得るか知っている | ☐ |
| 11 | 迷惑メール対策を行っている | ☐ |
| 12 | フィッシング詐欺とは何かを知り、その判別方法を知っている | ☐ |

| No. | 確認事項 | チェック |
|---|---|---|
| 13 | 信頼できる相手とのコミュニケーションにおいても必要以上に気を許さず、公開してほしくない情報は提供しないなど、適切な対応をしている | ☐ |
| 14 | スマートフォンや携帯電話をもし紛失したら、どういう対応を取ったらよいか知っている | ☐ |
| 15 | 公衆無線LANの危険性を理解し、適切に利用している | ☐ |

## 🎓 トラブルと隣合わせのインターネット！万全の準備を！！

様々な用途に活用できるインターネットですが、インターネットに接続した時点で危険が降りかかってくるということを理解しておく必要があります。

インターネットで様々な情報を閲覧できるということは、インターネットに接続しているほかのパソコンから自分のパソコンが見えている可能性があります。つまり、インターネットに接続しているということは、全世界のパソコンと接続していることを意味します。

そんな中で、あなたは友人の住所録やプライベートな写真を管理しているのです。また、クレジットカードを使ってネットショッピングもするでしょう。さらには、スマホ（スマートフォン）やケータイ（携帯電話）を定期券代わりに使っているかもしれません。ありとあらゆる大切な情報が入っていることは考えるまでもなくわかりますよね。

そこに悪いことをしようと考えているユーザーがいたとすると・・・

インターネットにおけるトラブルで有名なものは、ウイルス（コンピューターウイルス）などの不正なプログラムです。残念なことに世界中のユーザーの中には、インターネットを利用して不正なプログラムをばらまこうとするような悪いユーザーも存在します。また、他人の情報を盗み出して悪用しようとしているユーザーもいます。

インターネットは便利で楽しい世界ですが、常にトラブルと隣り合わせであることを自覚しましょう。

情報化社会のモラルとセキュリティ

個人情報の適切な取り扱い

デジタル時代の著作権

ネット社会に潜む危険と対策

メールによるコミュニケーション

Webによるコミュニケーション

モバイル機器の活用と管理

## ■情報セキュリティ対策　10箇条

| 1 | 個人情報とは何かを理解し、インターネット上のサービスで、自分の個人情報がどのように使われるかを確認している | → P.11, P.13 |
|---|---|---|
| 2 | 自分だけでなく、友人などほかの人の個人情報も注意して取り扱うことができる | → P.15 |
| 3 | ウイルスや、その感染経路について正しい知識を持っている | → P.33 |
| 4 | ウイルス感染を防ぐために必要な対策をとることができる | → P.35 |
| 5 | 万が一ウイルスに感染してしまった場合の対処方法について理解し、必要なときに実践できる | → P.37 |
| 6 | パスワード管理の重要性を理解し、正しい管理を実践できる | → P.39 |
| 7 | ネットショッピングやネットオークションのトラブルのパターンを理解し、利用する際に必要な注意を払うことができる | → P.41 |
| 8 | メールによるトラブルのパターンを理解し、正しい対処ができる | → P.47 |
| 9 | モバイル機器や無線LANの便利さと脅威を理解し、正しい利用方法を実践できる | → P.79, P.83 |
| 10 | スマホやケータイなどのモバイル機器の紛失について影響の大きさや対策を理解し、必要なときに対応できる | → P.81 |

第1章　情報化社会のモラルとセキュリティ

# ■第2章■

## 個人情報の適切な取り扱い

# Step1 | 個人情報は狙われている？

インターネット上では無料でメルマガが読めたり、懸賞に応募できたりするように、便利でお得な情報が溢れています。また、SNSが普及し、様々な情報を友人から得たり、あなた自身が情報を発信したりすることもできるようになっています。

しかし、ちょっと待ってください。あなたが何気なく入力した情報は、「いつ・どこで・誰に」見られたり、使われたりするかわかりません。情報を悪用される危険性はないでしょうか。また、そもそもよく耳にする「個人情報」とは何をさすのでしょうか。

**事例1**

山田さんは、自宅の隣りにある公園の花が見事に咲いていたため、それを友人に伝えようと、ブログに最寄りの駅の名前と公園の写真をアップしました。その後、見知らぬ人物からつけまわされるなど、危ない目にあってしまいました。

**事例2**

富士さんは、ある日、ゼミの打ち合わせの音声をボイスレコーダーで録音しました。帰宅後、聞きなおしてみると、大変有意義な内容だったので、録音の内容をブログにアップすることにしました。

個人の名前が出てくる部分は慎重に削除し、音声をブログにアップしました。

そのブログの音声の内容は、ほかのゼミの友人にも好評で、富士さんは大満足。

しかし、次にゼミ室に行ったときに、前回の打ち合わせに参加していた先輩から「富士さんがブログにアップした録音は、本人を知る人が聞いたら誰の声かわかっちゃうよね。あれはまずいよ」と注意されました。富士さんとしては、固有名詞は全て削除したので、どこが悪いのか、よくわかりません。

**用語** ・・・・・・・・・・・・・・・・・・・・・・・・・・・・・・・・・・・・・・・・・・・・・・・・・・・・・・・・・・・・・・・・・・・・・・

**SNS**
コミュニティー型の会員制Webサイトであり、友人や知人と情報交換をしたり交流したりできるサイト。「Social Networking Service」の略。

**個人情報取扱事業者**
個人情報取扱事業者とは、個人情報を管理している事業者のこと。営利・非営利は問わない。

## Let's Try　ためしてみよう

富士さんや山田さんのように、不適切な個人情報の取り扱いをしてしまうと、思いもよらない結果になることがあります。個人情報について書かれた次の文章を読んで、正しいものには○、正しくないものには×を付けましょう。

①友人の声だと特定できるケータイの会話の録音。

②ゼミ生の名簿で、名前とメールアドレスだけ書かれたもの。

③顔がハッキリと判別できる友人との集合写真。

情報化社会のモラルとセキュリティ

個人情報の適切な取り扱い

デジタル時代の著作権

ネット社会に潜む危険と対策

メールによるコミュニケーション

Webによるコミュニケーション

モバイル機器の活用と管理

## 🎓 個人情報を利用しようとしている人が多くいます

「個人情報保護の重要性」は、情報化の進展とともに大きく取り上げられるようになりました。SNSのプロフィールは、知人を含め多くの人の目に触れますし、インターネットでプレゼントに応募すれば、企業が広告メールの発信などのマーケティングに利用することもあります。その中には悪用する人もいるかもしれません。

ですが、必要以上に委縮することはありません。情報化社会の恩恵を受けつつ、被害を最小限にするためには、「個人情報とは何か」「どうすれば個人情報を守れるのか」ということを正しく理解すればよいのです。

### ● 個人情報とは何か

個人情報とは、個人に関する情報であり、その中に含まれる氏名、生年月日、その他の記述により特定の個人を識別できるものです。また、ひとつの情報だけでは個人を特定できなくても、容易に手に入るほかの情報と組み合わせることで特定の個人を識別できるものも個人情報とされます。

具体的には、以下のような情報が個人情報にあたります。

・氏名、生年月日、住所　　　　　・クレジットカード番号
・電話番号、ファックス番号　　　・顔写真（画像含む）
・銀行口座番号　　　　　　　　　・音声データ

### ● 個人情報保護法とは

「個人情報保護法」とは、平成17年から施行された法律であり、正式には「個人情報の保護に関する法律」といいます。個人情報の有用性に配慮しつつ、個人の権利利益を保護することを目的としています。

### ● 個人情報の取り扱いについて

個人情報保護法は、国や地方公共団体、個人情報取扱事業者における、個人情報の適切な利用について規定しています。

法律の知識も踏まえ、安全に楽しく情報化社会を生きていく知恵を身に付けることが大切です。

---

**More　プライバシーマーク**

一般財団法人日本情報経済社会推進協会が運用している民間の制度であり、個人情報に対する取り組みを適切に行っている企業や組織を認証する制度です。

**More　個人情報の取り扱い**

個人情報保護法では、企業などに提供した個人情報を次のように取り扱うことを求めています。

・個人情報を、嘘や不正な手段を使って取得してはならない
・個人情報を取得した場合、速やかにその利用目的を本人に通知するか、あるいは公表しなければならない（ただし、あらかじめその利用目的を公表している場合は除く）
・あらかじめ本人の同意を得ずに、収集した個人情報を第三者に提供してはならない

**More　個人情報の過剰反応と適正使用**

個人情報取扱事業者は非営利団体も対象ですので、個人情報の記載されたリストや名簿を持つ町内会やPTAも対象になります。

個人情報保護法の施行以来、

「学校の生徒の連絡網（住所名簿）などを作成・配布してはいけないのか」
「学校の運動会で写真やビデオを撮影してはいけないのか」

など、過剰に反応する例がみられます。

そもそも個人情報保護法とは、「個人の利益を保護する」ことが目的ですから、この法律のために必要なことができなくなっては本末転倒です。

むやみに法律を恐れるのではなく、「相手の利益になることかどうか」ということを考え、適切に個人情報を利用しましょう。

自分の個人情報を守るために、「具体的にどのようにすれば危険を防げるのか」について考えてみましょう。
ネットショッピングが趣味の山田さんは「自分の個人情報が不正流用された」と考えているようですが、必ずしもそうではないようです。詳しく見てみましょう。

**事例**

山田さんはサプリメントやファッション関連の製品をネットショップで購入することが趣味です。最近、ちょっと不審に思うことがあり、山田さんはネットに詳しい先輩の斉藤さんに相談することにしました。

山田さん　「最近、身に覚えのないセールスのメールが届くようになったんですが、やはり個人情報が流用されているのでしょうか？」

斉藤さん　「その可能性はあるけれども、ネットショップ側も正規の手続きに則って個人情報を活用している可能性もあるよ」

山田さん　「えっ、ネットショップがほかの企業に個人情報を提供してもよいのですか？」

斉藤さん　「うん、いくつか条件はあるのだけど、すべて禁止という訳ではないんだ。山田さんはネットショップの利用規約などを見たことあるかい？」

山田さん　「いいえ。どこのショップも同じようなことが書いてあると思っていたので、見たことはありませんが…」

さて、山田さんの行動のどこに問題があったのでしょうか。

**用語**

**禁止事項**
サービスを利用するにあたり、利用者側が行ってはならない事項。

**免責事項**
サービスを利用するにあたり、ある事項について、万が一利用者が不利益を被ったとしても、サービス提供側が責任を問われないことを、あらかじめ表明した事項。

## Let's Try　ためしてみよう

ネットショップで買い物する前に山田さんが注意しなければならなかったことはどんなことだったのでしょうか。次の文章を読んで正しいものには○、正しくないものには✕を付けましょう。

①知名度の低いネットショップは個人情報管理がしっかりしていないので、知名度が高かったり、広告に力を入れていたりしている企業を中心に利用すべきだった。

②あらかじめ、利用するネットショップの利用規約などをきちんと確認すべきだった。

③割引率が高いネットショップは顧客に親切であるということなので、そのようなネットショップを探して利用すべきだった。

---

## 利用規約やプライバシーポリシーを確認しよう

インターネット上には、魅力的なショッピングサイトやお得な無料サービスなどが無数に存在します。これらの便益を享受したい気持ちはわかりますが、その前に、Webサイトの「利用規約」や「プライバシーポリシー」を確認して、安全に楽しむことが重要です。

### ●利用規約とは

サービスの提供者側が、利用者に対してサービスを開始する前に提示する「サービス利用にあたっての規則」のことです。利用者からあらかじめ同意を取っておく形式が用いられています。
利用規約には、サービス内容、プライバシーポリシー、禁止事項、免責事項などが主として記載されています。

### ●プライバシーポリシーとは

プライバシーポリシーとは「個人情報保護方針」ともいい、日本語からも類推できるように、そのWebサイトにおいて「収集した個人情報をどう扱うのか」など、その企業や組織の考え方を表したものです。個人情報保護法の施行に合わせ、多くの企業や組織が、自社サイトに掲載するようになっています。企業によっては、独立させずに利用規約の一部となっている場合もあります。
一般的に、「目的外の利用はしない」と書かれたケースが多いですが、企業・組織によっては「収集した個人情報を第三者に提供する場合がある」と明記されている場合もあります。そう書かれていれば、個人情報保護法に則った正式な手続きとして第三者に個人情報を提供できるので、極力個人情報を入力しないようにしましょう。また、それでもそのサービスを利用したい場合は、提供範囲や利用目的をよく確認して納得したうえで入力するようにしましょう。このように、プライバシーポリシーや利用規約は、どんなWebサイトであれ、初めて利用する際にはきちんと確認することが必要です。

### More　不正使用や漏えいの相談窓口

各地方公共団体に相談窓口が設けられていて消費者庁または国民生活センターのホームページから検索できます。各地の消費生活相談窓口の紹介を受けることができる「消費者ホットライン」も記載されています。

### More　個人情報に関する事故内容と件数

2018年度は、プライバシーマークを付与された912の事業者より、2,323件の事故報告がプライバシーマーク制度の運営元などに寄せられました。主な内訳は以下のとおりです。
①メール誤送信（586件：25.2%）
②紛失（478件：20.6%）
③宛名間違い等による誤送付
　（346件：14.9%）
④その他漏えい（330件：14.2%）
※一般財団法人日本情報経済社会推進協会プライバシーマーク推進センター（2018年度）「個人情報の取扱いにおける事故報告集計結果」

### More　プライバシーポリシーのチェックポイント

プライバシーポリシーや利用規約で特にチェックしておきたい内容は次のとおりです。
・利用目的
・利用の範囲
・苦情等の問い合わせ先
個人情報を利用して欲しくないとき（ダイレクトメールを中止して欲しいときなど）は、問い合わせ先に依頼することが一般的ですが、詳しくは各社のプライバシーポリシーを確認してください。

情報化社会のモラルとセキュリティ

個人情報の適切な取り扱い

デジタル時代の著作権

ネット社会に潜む危険と対策

メールによるコミュニケーション

Webによるコミュニケーション

モバイル機器の活用と管理

インターネットの世界では、あなたの個人情報が流用されたり、不正利用されたりすることを注意すればよいだけではありません。他人の個人情報も、自分の個人情報と同じように重要です。また、個人情報に気を付けていれば、他人の写真をインターネット上で公開しても問題ないのでしょうか。一緒に考えてみましょう。

**事例1**

富士さんはゼミ仲間の山田さんの自宅に遊びに行った際、あまりにも立派なお宅だったので、スマホで撮影してブログに投稿しました。ブログ本文には、「ゼミ仲間のYさんの自宅です」と匿名（イニシャル）にすることも忘れませんでした。
しかし、翌週、山田さんから「自宅の前に同じ大学の学生らしい怪しい男がウロウロしている」と相談を受けました。富士さんとしてはプライバシーを守って投稿したつもりだったので、なぜ山田さんの自宅がバレてしまったのか見当がつきません。

**事例2**

富士さんは、ゼミの懇親会の様子をスマホで撮影してSNSに投稿しました。個室だったので写っているのはゼミのメンバーだけですし、ゼミのメンバーは写真をSNSにアップすることを知っているので安心です。
しかし、翌朝、ゼミの山田さんから、「ある写真を削除して欲しい」と頼まれました。削除を依頼された写真をよく見てみると、たまたま変な表情になってしまった山田さんが端の方に写りこんでいたのです。

**用語**

**GPS機能**
アメリカの軍事衛星から民間に開放された情報を使い、現在位置を特定するサービス。複数の衛星からの距離を瞬時に計測することにより、受信機のある地点の緯度・経度を割り出せる。「Global Positioning System」の略。

**位置情報（ジオタグ）**
スマホなどで撮影した画像などに追加される情報で、撮影した緯度・経度などの情報が付加される。

**USBメモリ**
パソコンで一般的な周辺機器の接続インターフェイス（コネクター）。USBに接続できる半導体メモリを用いた記憶メディアの総称。小型化されており、持ち運びに便利。「Universal Serial Bus」の略。

**動画サイト**
ソーシャルメディアのひとつであり、自分で撮影した動画などをインターネット上に投稿し、ほかのユーザーと共有して楽しむWebサイト。テレビ番組の投稿など、著作権を侵害した投稿も多く、問題となっている。

**YouTube**
インターネット上の動画投稿/共有サービスのひとつ。

**ソーシャルメディア**
インターネット上において、ユーザー同士の情報交換を提供するサービスの総称。SNSもソーシャルメディアの一種。

## Let's Try　ためしてみよう

富士さんは、個人情報の取り扱いや他人の気持ちへの配慮において、不適切な行為をしてしまったようです。写真の投稿について書かれた次の文章を読んで、正しいものには○、正しくないものには×を付けましょう。

①家の写真からは、誰の家か特定されることはない。 　　□

②写真によっては、撮影した場所の位置情報が記録されていることがある。 　□

③懇親会で一緒に写真に写っている人は親しい人ばかりなので、特に断る必要もないと思い、そのままSNSに投稿した。 　□

 「個人が特定されないか」「相手に配慮できているか」を常に意識しよう

インターネット上では、あなたが被害者になるだけでなく、不用意に他人の個人情報を流出させてしまい、あなた自身が加害者になってしまうことがあります。個人情報が含まれていなくても、他人に関する情報が含まれる場合は、一層気を付ける必要があります。

### ●断片的な情報から個人を特定できる
たとえ名前を出していなくても、「居住地域、学年、専攻、出身高校、性別、所属サークル」などがわかれば、個人を特定できる場合があります。事例1の富士さんのように、匿名やイニシャルで投稿したからといって安心せず、「人物を特定されても問題ない情報か」「特定されるような要素はないか」を確認することが重要です。

### ●スマホで撮影した画像には位置情報が入る
スマホやタブレットなどのモバイル機器のGPS機能がオンになっていると、画像に位置情報（ジオタグ）が付加されることがあります。場所を特定されたくない場合は、この機能をオフにしましょう。また、位置情報が付加された画像を利用するときには、位置情報を削除してから利用するとよいでしょう。GPS機能をオフにしたり、位置情報を削除したりする方法は、モバイル機器のマニュアルを参考にしましょう。
また、位置情報以外にも、写真に特徴的なものが写りこんでいると地域や場所が特定できることもあるので注意が必要です。

### ●プライバシー権に留意しよう
「プライバシー権」とは、正当な理由なく、個人の私生活を勝手に公開されない権利のことです。誰にでも「そっとしておいて欲しい」という権利が認められる、という意味です。「これぐらい大丈夫」と思っても、他人はそう考えていないかもしれません。他人に関する情報の取り扱いは、「相手だったらどう考えるか」という想像力を働かせ、きちんと確認することがルールでありマナーでもあります。
プライバシー権に関連して、「肖像権」と「パブリシティ権」があります。肖像権とは正当な理由がなく撮影されたり、写真を公表されたりしない権利、パブリシティ権とは有名人の写真などを経済的な利益を得る目的で他人に勝手に使用されない権利のことです。

**More　名簿の流出にも注意**

名簿は個人情報の塊です。データでも紙でも取り扱いには注意が必要です。
しかし、最近では、情報流出事故が相次いでいます。
名簿をメールで送付する場合は、宛先を複数回確認する、パスワードを設定してパスワードは別のメールで知らせるといった手段が有効です。USBメモリに入れて持ち運ぶ際には、USBメモリ自体にパスワードを設定できるものを利用しましょう。
名簿を印刷した場合は、プリンターに置き忘れることがないよう気を付けましょう。

**More　ルール、マナー、モラルの違い**

「ルール」とは法律や規則のことで、守らないと罰せられるものです。
「マナー」とは礼儀や態度のことで、ルールほど明確ではありませんが、守らないと良識を疑われるものです。
「モラル」とは道徳・倫理のことで、より良い判断ができる意識や態度といえるでしょう。私たちは、ルールやマナーを理解し、モラルを自分の内面に育てる必要があります。

**More　写真を投稿する前の注意事項**

多くの人が写った写真をSNSに投稿する場合は、公開の許可がとれない人の顔などは個人を特定できないように画像を加工するなどの配慮が必要です。
また、有名人の写真を勝手にSNSに投稿すると、肖像権に加えパブリシティ権も侵害することになるので、投稿してはいけません。

情報化社会のモラルとセキュリティ

個人情報の適切な取り扱い

デジタル時代の著作権

ネット社会に潜む危険と対策

メールによるコミュニケーション

Webによるコミュニケーション

モバイル機器の活用と管理

## Step4 マイナンバーが流出したら？

2016年1月に「マイナンバー制度」が施行されました。正式には「社会保障・税番号制度」といい、国民ひとりひとりに唯一無二の番号が交付されます。
この制度に関わるリスクがどのようなものか理解できているでしょうか。

### 事例1

アメリカでは、マイナンバーにあたる「社会保障番号」と氏名・住所があれば、クレジットカードや銀行口座の作成、住宅ローンの申し込み、電気・ガスの契約までできてしまいます。

その結果、社会保障番号に関する情報は狙われやすく、2013年の盗難被害者は全米で約1,310万人、被害総額は180億ドルといわれています。

中には、知らない間に自分の社会保障番号を不正に使われ、高校卒業時に初めて自分の社会保障番号が悪用されていたことに気付いた女子高生もいます。その女子高生は多数の口座やクレジットカードを作られ、借金の総額が150万ドル（1億8,000万円）になっていたといいます。

### 事例2

韓国では、マイナンバーにあたる「住民登録番号」の情報流出が3億7,000万件以上確認されているそうです。韓国の人口は約5,000万人なので、人口の7倍以上の情報流出が起きているということになります。単純計算で一人当たり7回の情報が流出しているということです。

クレジットカード番号も住民登録番号で一元管理されているため、情報流出は重大事故です。2014年1月には、複数のクレジットカード会社から住民登録番号や口座番号などの顧客情報が流出し、預金の無事を確認しようと銀行に顧客が押し寄せて大変な騒ぎになったこともあります。

### 用語

**マイナンバー**
国民ひとりひとりに割り当てられる番号であり、個人の所得や納税、社会保障に関する情報をひもづけて管理するための番号。正式には「個人番号」という。

**特定個人情報**
マイナンバー（個人番号）を含む個人情報のこと。従来の個人情報よりもさらに厳しい管理が求められている。

情報化社会の
モラルとセキュリティ

個人情報の
適切な取り扱い

デジタル時代の
著作権

ネット社会に潜む
危険と対策

メールによる
コミュニケーション

Webによる
コミュニケーション

モバイル機器の
活用と管理

## Let's Try　ためしてみよう

我が国で始まった「マイナンバー制度」について書かれた次の文章を読んで、正しいものには○、正しくないものには✕を付けましょう。

①マイナンバー制度の目的のひとつに「公平・公正な社会の実現」がある。

②マイナンバー制度は、過去半年以内に5,000件以上の個人情報を取り扱った実績のある事業者が対象である。

③マイナンバー制度は個人の銀行口座番号とひもづいており、マイナンバーの情報が流出すると、銀行口座から預金が引き出される恐れがある。

## マイナンバーの利用目的やリスクをきちんと把握しよう

マイナンバー先進国のアメリカや韓国の事例を読んで、あなたは「マイナンバーは怖い」と感じたのではないでしょうか。
しかし、ただむやみに怖れるだけではなく、まずはそのポイントおよびメリット・デメリット（リスク）をきちんと押さえることが重要です。
正しい理解が進めば、必要以上に怖れることもなく、自信を持って適切な管理・運用ができ、その結果、マイナンバーの利用から得られるメリットも享受できるはずです。

### ●マイナンバー制度の目的

マイナンバー制度の目的は「公平・公正な社会の実現」「行政の効率化」「国民の利便性の向上」の3点です。
本制度が導入される背景として、行政の運営上、各組織に散在する国民ひとりひとりの情報を同一人物の情報と確認することが難しい、ということがありました。そのため、マイナンバーを導入することにより、国民ひとりひとりの情報をきちんと確認できるようにして、本当に困っている国民に対するきめ細かい支援や、行政業務の効率化を実現しようとしています。

### ●マイナンバーは他人に教えない

我が国では当初、マイナンバーを「社会保障」「税」「災害対策」の分野での使用に限定しており、アメリカや韓国の事例のように流出によるなりすましで借金をされたり、銀行口座番号が盗まれたりなどの事件が発生することはありません。
しかし、制度施行後3年をめどに、マイナンバーの利用を民間に広げていくとされています。そうなると、様々な分野で私たちにとって利便性が高くなる一方で、他人のマイナンバーを入手することで利益を得ようとする悪意を持つ者も出てくるでしょう。
彼らは「マイナンバーは現段階では犯罪に使えないが、いずれ犯罪にも使える価値ある情報になる」と考えているはずです。そして、まだ私たちがマイナンバー制度についてよく理解できていない今のうちから「隙あらばマイナンバー情報を収集しよう」と狙っているに違いありません。
あなたも自分自身のマイナンバーを安易に人に教えたり、マイナンバーの入ったカードなどを人の目につくところに保管したりしないなど、適切な管理を心がけましょう。

### More　マイナンバーの目的外の利用は禁止

マイナンバー制度の施行当初は、利用目的が厳しく制限され「社会保障」「税」「災害対策」以外に利用することは禁止されています。
例えば、バイト先の従業員ナンバーやサークルの会員ナンバーなどにマイナンバーを利用することは、たとえ本人が許可したとしても法律違反となります。
もし、そのようなことをしている団体や組織があった場合、法律違反であることを伝え、速やかに別の番号体系に変更することが必要です。

### More　「特定個人情報」と「個人情報」の違い

マイナンバーを含む個人情報は「特定個人情報」と呼ばれます。個人情報との違いは、次のとおりです。

**(1) 故人の情報も管理対象となる**
個人情報保護法では「生存する個人に関する情報」が対象となりますが、マイナンバー制度では、故人に対する特定個人情報も管理対象となります。

**(2) 目的外の利用はできない**
個人情報は、本人の同意を得れば、利用する範囲に制限はありませんが、特定個人情報は、本人の同意があっても「社会保障」「税」「災害対策」以外の目的には利用できません。

**(3) 罰則の規定が厳しい**
個人情報保護法に比べ、マイナンバー制度の罰則の規定の方が厳しくなっています。

第
2
章

個
人
情
報
の
適
切
な
取
り
扱
い

### Step1

① 解答 ◯

解説 人物を特定できる会話のデータは個人情報にあたります。

② 解答 ◯

解説 氏名とメールアドレスからは、「誰のものか」を特定できますので、個人情報です。

③ 解答 ◯

解説 顔が判別できれば、誰であるか特定できますので、個人情報です。

### Step2

① 解答 ✕

解説 企業の知名度や広告の量は関係ありません。利用規約やプライバシーポリシーのしっかりした企業を選びましょう。

② 解答 ◯

解説 問題文のとおりです。目的外利用がされないかなど、個人情報の利用範囲を確認しましょう。

③ 解答 ✕

解説 割引率の高低も、個人情報の取り扱いがしっかりしている企業かどうかには関係ありません。

### Step3

① 解答 ✕

解説 スマホでGPS機能をオンにして撮影すると位置情報が画像ファイルに添付されるので、位置が特定できます。位置情報と個人情報を組み合わせることにより、誰の家か特定できることがあります。

② 解答 ◯

解説 スマホで撮影する際に、位置を特定されたくない場合、GPS機能をオフにすることが必要です。

③ 解答 ✕

解説 たとえ相手が親しい人でも、SNSなどに写真を投稿する前に、当人の意向を確認すべきです。

### Step4

① 解答 ◯

解説 ほかに「行政の効率化」「国民の利便性の向上」と合わせて3点の目的があります。

② 解答 ✕

解説 マイナンバー制度はすべての事業者が対象となります。

③ 解答 ✕

解説 マイナンバーは当初、「社会保障」「税」「災害対策」の分野での使用に限定されており、個人の銀行口座とひもづいていることはありません。したがって、マイナンバーの情報の流出により銀行口座から預金が引き出されることはありません。

# ■第3章■

# デジタル時代の著作権

# Step1 著作権とは何か？

現代ではパソコンやスマホを利用して、インターネットから簡単に、様々なドキュメント、画像、動画などを閲覧できるようになりました。それらを利用すれば学校のレポート作成・趣味や仕事のWebページ作成など、いろいろな活動を大幅に効率化できそうです。

では、そういったインターネット上の情報は自由に使ってよいのでしょうか。

## 事例

富士さんは、ある中小企業でアルバイトをしています。パソコンを使うのが得意な富士さんは、その企業のWebページの更新担当もしています。

ある日、新しい商品紹介ページの作成を頼まれた富士さんは、そのトップに、お洒落なイラストを使いたいと考えました。

そこで、インターネットをいろいろ見ていたところ、ある個人ブログの中に投稿されていたイラストが、富士さんのイメージにぴったり合うことに気が付きました。

富士さんは、その個人ブログを細かくチェックしましたが、どこにも「イラストの転載禁止」とは書かれていません。

「個人ブログだし、禁止事項も書かれていないから大丈夫だな」と富士さんは考え、そのイラストを商品紹介ページのトップに掲載しました。

完成した新しい商品紹介ページの完成度の高さは、社内外で評判になり、富士さんも大満足。

しかし、数か月ほど経ったある日、個人ブログの著者から社長宛てに、「掲載したイラストが著作権侵害にあたるので、掲載をやめて欲しい」というメールが来ていたことを告げられました。富士さんが行ったことに、問題はあったのでしょうか。

## 用語

**特許権**
アイデアや発明を保護する権利。特許法で保護する。

**実用新案権**
小発明を保護する権利。実用新案法で保護する。

**意匠権**
物品のデザインや装飾を保護する権利。意匠法で保護する。

**商標権**
商品名や商標（マークなど含む）を保護する権利。商標法で保護する。

富士さんは気付かないうちに著作権侵害を起こしていたようです。インターネット上の情報の利用について書かれた次の文章を読んで、正しいものには○、正しくないものには✕を付けましょう。

①個人ブログとはいえ、他人が作成したイラストの無断転載には問題があった。これがデジタルカメラで撮影した画像であれば問題はなかった。

②個人ブログとはいえ、他人が作成したイラストや撮影した画像を使用したところに問題があった。ブログ本文であれば、どれだけ転載しても問題なかった。

③個人ブログからイラストを転載する場合は、あらかじめブログの管理人にメールなどで転載の許可をもらっておくべきだった。

## 🎓 創作者の権利を保護するのが著作権

著作権とは、人間の思想や感情を文字や絵、写真や音などを使って創作的に表現した物を、他人に勝手に模倣されないように保護する権利のことです。

著作権は、創作された時点で発生します。したがって創作物ができたからといって申請をするというような手続きは必要ありません。

著作権は、本来は、音楽や美術品などを保護する目的で作られましたが、近年のパソコンの普及にともなって、プログラムやWebページ、データベースなども保護の対象とされるようになりました。

### ● 著作権は何のためにあるのか

映画・音楽・文学・・・いずれの作品も著作者が一生懸命作成し、完成させて、私達は楽しむことができます。しかし、そのようにして完成させた作品を、他人が勝手にコピーしたり、情報発信できたりすると、著作者はその作品の対価としてもらうべき金額をもらえなくなるおそれがあります。なぜなら、無料で手に入るなら、どんなに良い作品でもお金を払わなくなる人がいるからです。

このように、著作者の権利を守る仕組みがないと、著作者の創作意欲が失われ、ひいては、科学的・文化的な損失につながります。そのため、著作権法で、著作者の権利を適切に守ることが必要なのです。

### ● 著作権の対象

著作権では、次のような「著作物」が保護の対象になっています。
・文章（小説・論文・新聞記事など）
・講演
・音楽
・映画
・写真
・美術品
・Webページ　など

**More** 著作権の詳細

著作権は、「著作者人格権」「著作財産権（狭義の著作権）」「著作隣接権」の3つに分かれます。

著作者人格権とは、他人に譲渡することができない権利であり、「著作物を公表するかどうか」を決めたり、「著作者名を表示するかどうか」を決めたりする権利です。

著作財産権とは、著作物の複製や放送、映画の上映などを独占的に行える権利です。この権利は他人に譲渡できます。著作財産権があれば、対価を得ることができるわけです。

著作隣接権とは、著作物を普及させる役割を持つ実演家（歌手など）、制作者（音楽CD制作など）、放送事業者などの権利を保護するものです。

**More** 知的財産権

著作権は知的財産権のひとつであり、知的財産権とは「著作権」と「産業財産権」の2つに大きく分けることができます。産業財産権は「特許権」「実用新案権」「意匠権」「商標権」の4つがあり、いずれも産業に関わるもので、著作権と違い「申請・登録」が必要になっています。

情報化社会のモラルとセキュリティ

個人情報の適切な取り扱い

デジタル時代の著作権

ネット社会に潜む危険と対策

メールによるコミュニケーション

Webによるコミュニケーション

モバイル機器の活用と管理

# Step2 コピペのレポートを提出したら？

論文やレポート作成といえば、以前は図書館や書店で専門書や学術論文、過去の新聞など紙の資料を探すのが一般的でした。しかし現在では、インターネットで検索することにより従来の何倍もの情報を探すことができるようになりました。

しかし、それらのWebサイトの情報をコピペしてレポート等を作成することには様々な問題があります。一体どのような問題があるのでしょうか。

### 事例

富士さんはアルバイトに熱中するあまり、授業のレポートの作成を忘れていました。気が付いたときには提出期限まであと2日。普通に作成していたのでは、当然間に合わないタイミングです。

ですが、「要領が良い」と自他ともに認めている富士さんは、インターネットにある情報を切り貼りしてレポートを手早く作成してしまうことにしました。

少し心がとがめたものの、幸いにも担当の田中教授はほとんどインターネットを利用していないので、田中教授が同じデータをインターネットで見てバレることはなさそうです。

結局、わずか半日で富士さんはレポートを完成させました。

それから数週間後、レポートが添削されて返ってきました。富士さんのレポートの評価は「不可」。コメントには「インターネットからの切り貼りは良くない」と書かれ、また、レポートの内容にも間違いが多々あったようです。

なぜこのようなことになったのでしょうか。

### 用語

**コピペ**
「コピー＆ペースト」の略。ワープロ文書やWebサイトなどのデジタルデータを「コピーして貼り付ける」という意味。

**ジョークサイト**
パロディや社会を皮肉った嘘や冗談などの記事を掲載しているWebサイトのこと。「冗談」だと思って読む分には問題ないが、信用すると恥をかいたり間違いをおかしたりする。

**剽窃**
他人の作品や論文を盗み、あたかも自作であるかのように発表すること。盗作と同じ。

**パクリ**
本来は「大きな口を開けて物をたべる様子」を表す言葉。最近では「盗むこと」「盗用すること」と転じて使われている。ここでは後者の意味。

富士さんの行動について書かれた次の文章を読んで、正しいものには○、正しくないものには×を付けましょう。

①富士さんは、無名の個人ブログからコピペしたのが良くなかった。大手研究所や大企業のデータであれば、正確であった。

②ほとんどインターネットを利用していない田中教授が、たまたま知っていたWebサイトの情報を富士さんは使ってしまった。今回は運が悪かった。

③ネットに掲載されている情報は他人が著作権を持っている。どんな理由であれ、自分のレポートに利用してはならない。

## レポートは自分で作らないと意味がない

そもそも、レポートは何のために作るのでしょうか。第一に「研究の価値」が挙げられます。過去の研究を参考にしながら、新しい発見や考え方を少しでも積み上げることができれば、それは大変に価値あることです。そこに、オリジナリティが求められているのは明白です。

もうひとつは、レポート作成を通して、研究の仕方・仕事の仕方を知る、ということです。新しい価値を創造する手法を自分のものにすることは、学校の研究対象に限らず、広く社会でも使える武器を手にすることです。仮に、大学の専攻と全く異なる職種へ就職するとしても、レポート作成を通して身に付けた「価値の創造スキル」は、社会人としても必ず役に立ちます。

このように、レポート作成とは、社会における新しい価値創造の一歩であると共に、自分自身のためでもあるのです。

当然ながらコピペや、ただ書き写すだけのレポート作成では、そうしたスキルは身に付きません。むしろ、信用を失うだけなのです。過去の知見を参考にし、自分の言葉で自分の考えを表現していくことが重要です。

### ●コピペはバレる？

現在では、提出されたレポートや論文がコピペで作成されたものかどうかを判定するソフトウェアが存在します。コンピューターの処理能力が高まり、テキスト解析能力が向上しているからです。

各大学でも、そういったソフトウェアを利用しているところもあるので、「コピペは必ずバレるもの」という認識を持つことが必要です。

### ●ネットの情報は「玉石混交」

インターネットを利用して誰でも簡単に情報発信ができることは喜ばしいことですが、その分、チェックの足りない情報も多く流布しています。また、ジョークサイトや悪意を持って作られたWebサイトも存在します。そのため、書籍などの文献による参考や引用に比べ、インターネットの情報源については、意識して信頼性を確認することが必要です。具体的には、オリジナルの情報にあたる、複数の情報を確認するなど、情報を使う側の適切な態度も求められています。

**More** **Wikipediaの利用**

「Wikipedia」とは、ネットユーザーが執筆・編集を行うフリー百科事典です。資料収集などに利用している人も多いと思いますが、不特定多数の人が執筆・編集し、特に校閲もなく、差し替えることができる仕組みです。正確性が重視されるレポートや論文の引用には向きません。

**More** **調べ学習に役立つサイト**

著作権が明確に提示されているWebサイトです。

コトバンク

https://kotobank.jp/
朝日新聞、朝日新聞出版、小学館、講談社などの辞書から、用語を検索できるサービス

**More** **「剽窃」は著作権侵害**

引用を明示せず、ほかの論文を丸写ししたり、全編あちこちの情報をつなぎ合わせたりしただけのコピペでレポートを作ることは「パクリ」「剽窃」にあたるので、絶対にやめましょう。これらは著作権の侵害にあたります。裏付けのしっかりしたデータなどから必要最低限を引用することは認められますが、引用のルールに従って行うことが必要です。

情報化社会のモラルとセキュリティ

個人情報の適切な取り扱い

デジタル時代の著作権

ネット社会に潜む危険と対策

メールによるコミュニケーション

Webによるコミュニケーション

モバイル機器の活用と管理

# Step3 引用はどこまで許されるか？

著作権法には「公表された著作物は、引用して利用することができる」（32条）とあります。レポートや論文を作成する際に、適切な引用を行うことは、自分の主張の正確性の裏付けや、オリジナリティの主張として有効です。それでは、どんな引用が適切な引用なのでしょうか。一緒に考えてみましょう。

**事例**

ゼミの次回発表を任された山田さんは、与えられたテーマが自分の興味のある分野だったため、やる気に満ちています。

山田さんは早速、図書館で書籍を探したり、インターネットで関連する情報を検索したりしました。すると、様々な興味深いデータや意見があることに気付きました。

もちろん、それらをコピペするだけでは良くありません。山田さんは探した情報をもとに、自分自身のオリジナリティのある意見も検討し、記載することにしました。

最終的に、以下のような過程を経て、山田さんのレポートは完成しました。

①自分の独自の意見を2つ記載したが、少なく感じたので、別の研究者の意見を1つ加え、主張を3つとした。

②ある研究者の論文に明らかな誤字があったので、そこを訂正して引用した。

③興味深いデータが多く見つかったので、できるだけ多く引用をするようにした。その結果、引用が60%、自分の執筆が40%ほどの割合になった。

さて、山田さんの引用方法に不適切な点はあったでしょうか。

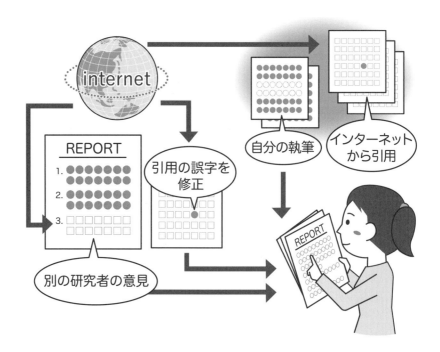

## Let's Try　ためしてみよう

引用について書かれた次の文章を読んで、正しいものには○、正しくないものには×を付けましょう。

①引用する文章は変更しないことが原則だが、誤字・脱字の訂正は問題ない。

②引用することにより文章量が増えて説得力が増すので、引用はできるだけ多い方がよい。

③引用元の文章は誰の文章であるか、著作者名だけ記載すればよい。

情報化社会の
モラルとセキュリティ

個人情報の
適切な取り扱い

デジタル時代の
著作権

ネット社会に潜む
危険と対策

メールによる
コミュニケーション

Webによる
コミュニケーション

モバイル機器の
活用と管理

## 🎓 ルールを守って正しい引用を！

著作権法では、著作者の権利を保護すると同時に、正しい引用についても決められています。研究や論文・レポート作成において、適切な引用は、その研究の正当性や妥当性、方向性を明確にし、また、オリジナリティを担保するためにも有用に使えます。
いたずらに著作権の問題を避けるのではなく、正しい知識を持って、正しく著作物に向き合うことが大切です。

### ●引用のルール

・引用を行う正当な理由（必然性）があること
・公表された著作物であること
・出典（著作者名や著作物名）を明らかにしていること
・どの部分が引用であるか、「」（括弧）や字下げなどで明確に分けていること
・誤字脱字を含め、改変を行わないこと
・引用部分は文章全体のうち、「従」であること
　（すなわち、自身の著作が主であること）
・必要最低限の引用であること

### ●引用の例

明治時代に入り、開国により外国との国交が盛んになると、一気に外来語の数が増える。これまでのオランダ語やポルトガル語に代わり、新興勢力の英語由来の言葉が加速度的に浸透する。江戸時代に用いられた「ソップ」「ターフル」「ボートル」が「スープ」「テーブル」「バター」に取って代わられたほどである。小説においても、次のようにわざわざルビを使い、積極的に外来語を使用するものも現れた。

・「実に是は有用（ユウスフル）ぢゃ。（中略）歴史（ヒストリー）を読んだり、史論（ヒストリカル・エッセイ）を草する時には…」
　（坪内逍遥『当世書生気質』岩波文庫、2006、p.22 より引用）

第二次世界大戦に突入すると、外来語排斥の時代となった。明治時代から昭和初期にかけて流行した外来語は、敵性語として次のように無理矢理漢字に変換された。

・「サイダーを「噴出水」、パーマを「電髪」、コロッケを「油揚げ肉饅頭」と言うようになっていた。」
　（田中茂『敵性語排斥について』http://www.xx.xx より引用　引用日：2013 年 9 月 10 日）

その後、敗戦によるアメリカ軍占領により、戦後、外来語が増え続けるのだが、珍しい例として外来語として取り入れられた言葉が完全に漢語に取って代わった例がある。明治初期に盛んに使用された「テレガラフ」「セイミ」は今では「電報」「化学」という言葉になっている。

❶引用部分が明確に分けられている
❷引用は最低限にする
❸出典が明らかである

---

**More　同一性保持権**

著作者人格権の一つであり、著作物の内容やタイトルを、無断で変更・切除・改変されない権利です。このため、改変などをした引用は違法となり、著作者に許可をもらうことが必要です。

**More　引用と転載**

引用は最低限であることが必要です。例えば、ニュースサイトの情報をまるごとコピーし、一言二言コメントを付けただけのブログを見ることがあります。
このような場合は引用ではなく「転載」にあたり、著作権者の許可が必要です。また、転載にも引用表記は必要です。
一方、法律や判例は著作権が放棄されており、行政の発表する白書などの報告書は大幅な引用や転載が認められています（引用元の記載は必要です）。

**More　論文作成に役立つ論文検索サイト**

論文検索というと難しく思えるかもしれませんが、あなたの興味・関心のある分野を入力してまずは抽出された論文を読んでみるだけでも、その分野に対する視野が拡がったり、研究のヒントが得られたりします。

**CiNii**（サイニィ）
https://ci.nii.ac.jp/
国立情報学研究所が運営する、論文や図書・雑誌などの学術情報が検索できるデータベースサービス

**Google Scholar™**（グーグル スカラー）
http://scholar.google.co.jp/
国内外の論文の検索サービス

デジタル時代となり、音楽・映像・プログラムなどが、CDやDVDなどのメディアやインターネット経由などで簡単に手に入り、また複製も楽になりました。一見、すごく便利になったように思えますが、著作権法から考えて、そういった行為を無制限に行って良いわけではありません。どこまでがOKで、どこからが違法なのでしょうか。一緒に考えてみましょう。

**事例**

富士さんは購入した音楽CDや映画のDVDのコピーを取っています。友人の山田さんから「私的目的のための複製なら構わない」と著作権法に記載されていることを聞いたからです。

まず、音楽CDは何の問題もなく複製できました。映画のDVDは、コピープロテクトがかかっていましたが、インターネットのサイトで「コピー解除の方法」が記載されているページがあったので、そこを参考にして、映画のDVDの複製も作りました。これらは、オリジナルのCDやDVDが破損して見られなくなったときのための、自分や家族のためのバックアップ用です。

そのことを斉藤さんに会ったときに話したら、斉藤さんは「富士さんの行動は一部違法の可能性がある」といいます。富士さんとしては困惑してしまいましたが、いったいどこに問題があったのでしょうか。

**用語** ∙∙∙∙∙∙∙∙∙∙∙∙∙∙∙∙∙∙∙∙∙∙∙∙∙∙∙∙∙∙∙∙∙∙∙∙∙∙∙∙∙∙∙∙∙∙∙∙∙∙∙∙∙∙∙∙∙∙∙∙∙∙∙∙∙∙∙∙∙∙∙∙∙∙∙∙∙∙∙∙∙∙∙∙∙∙∙∙∙∙∙∙∙∙∙∙∙

**コピープロテクト**
記憶メディアに入っているコンテンツを複写できないように技術制限をかけたもの。あるいはその行為。

**プリインストール**
パソコンやスマホなどにあらかじめソフトウェアがインストールされていること。または、そのソフトウェア。

## Let's Try ためしてみよう

映画や音楽などの複製について書かれた次の文章を読んで、正しいものには〇、正しくないものには×を付けましょう。

①映画のDVDが複製できなかったので、コピープロテクトを解除する方法を調べて複製した。

②音楽CDを自分と家族のためのバックアップ用として複製した。

③私的利用のための複製が認められているのはCDだけで、DVDは認められていない。

## 🎓 著作権のルールは増えているので、しっかり理解しよう

音楽や映画のメディアとコンピュータソフトウェアのメディアでは、著作権法上の扱いが異なります。最近はデジタル録音・録画されている音楽や映画のメディアも増え、これらは従来と異なる著作権上の扱いを求められるようになっています。

それぞれに対し、きちんと理解したうえで、著作権法の範囲内で楽しむようにしましょう。

### ● 音楽や映画の著作権

音楽や映画は著作物ですので、無断で複製してはいけませんが、CDなどのメディアのバックアップを作成することは私的利用の範囲として認められています。

ただし、最近ではコピープロテクトのかかったメディアも増えています。この場合、たとえバックアップ用としてもコピープロテクトを解除して複製することは著作権法違反になるので、注意しましょう。

### ● ソフトウェア（パッケージ販売、ダウンロード販売）の著作権

ソフトウェアをパッケージで購入したり、ダウンロード購入したりすると、「プログラムを購入した」という気がするかもしれません。しかし、これは間違いです。正しくは「ソフトウェアの使用権」を購入したに過ぎません。これを「ライセンス（使用許諾）契約」といいます。

購入したソフトウェアのバックアップを作成したり、2台のパソコンにインストールしたりしたいと考えるかもしれません。ですが、それらが可能かどうかを判断するためには、そのソフトウェアのライセンス契約を確認する必要があります。

### ● フリーソフトの著作権

無料で使えるソフトを「フリーソフト」といい、インターネット上などから有用なソフトが無料で手に入ります。フリーソフトは無料とはいえ、ライセンスがあります。再配布やプログラムの改変は、ライセンス契約で許可されていない限り禁止されています。ライセンスの内容を守って利用するようにしましょう。

---

**More　海賊版のダウンロード**

著作権者の許可を得ず、プログラムや映画・音楽などのコンテンツを違法にコピーしたものを「海賊版」といいます。海賊版は小規模な電気店・ソフトウェアショップやネットオークション等で販売されていることがあります。

ファイル交換ソフトウェアなどで、このような違法プログラムやコンテンツをダウンロードすることもできますが、2012年10月からは、違法と知りつつダウンロードすることも刑事罰の対象になりました。

**More　ライセンス契約の種類**

ライセンスには「1CPU1ライセンス（1台のパソコンのみインストール可能）」「複数台可能ライセンス」などがあり、そのライセンスの範囲内で利用できます。

複数台可能ライセンスには、「2台まで可能」など単純な台数制限のほか、「デスクトップとモバイルに1台ずつインストール可能」などの表記がされたものもあります。

また、パソコンにあらかじめインストールされているソフトウェアの場合は、プリインストールソフト専用のライセンスがあり、これはプリインストールされているパソコンでしか使うことはできません。

情報化社会のモラルとセキュリティ

個人情報の適切な取り扱い

デジタル時代の著作権

ネット社会に潜む危険と対策

メールによるコミュニケーション

Webによるコミュニケーション

モバイル機器の活用と管理

## Step5　TV番組や書籍をデジタルデータにしてよいか？

現在では、スマホやタブレットが1台あれば、インターネット上の情報に加え、テレビ番組のような映像や書籍などのデータをデジタル化して持ち歩いて、いつでも閲覧することができます。従来なら持ち運ぶことが不可能だった書籍何十冊分ものデータが、すべて片手に収まるのですから、大変便利になりました。しかし、ここでも著作権を十分に認識した正しい利用をしなければなりません。

### 事例

富士さんは、テレビ番組を録画してタブレットで扱えるファイル形式にしたり、手持ちの書籍を全部裁断し、スキャナで読み込ませてPDFファイルにしたりしています。それを使って、通学の電車内やカフェで楽しんだり、勉強したりしています。

ある日、サークルの後輩で顔見知りの鈴木さんが「今晩のドラマ、録画してくれませんか？」と頼んできました。なんでも、鈴木さんは毎週楽しみに見ているドラマなのですが、自宅で録画予約するのを忘れてきたそうです。さらにタイミングが悪いことに、鈴木さんは今夜バイトで自宅に戻るのが遅くなるそうです。

テレビ番組の録画は富士さんにとっては簡単なことですから、富士さんは快く引き受けました。その夜、問題なくドラマを録画した富士さんは、その動画を鈴木さんに見てもらうために動画サイトにアップロードしました。無料のドラマであり、有料の映画とは違うので問題ないだろうと考えたのです。動画サイトにアップロードしたあと、富士さんは鈴木さんに、ドラマを再生するためのURLをメールで送りました。翌日、鈴木さんからメールの返事が来て、「どうも動画が削除されているらしい」とのこと。富士さんは何が悪かったのか、よくわかりません。

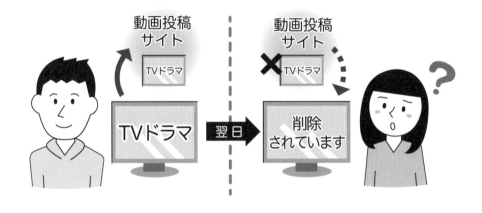

### 用語

**PDF**
パソコンの機種や環境に関わらず、もとのアプリで作成したとおりに表示できるファイル形式。作成したアプリがなくてもファイルを表示できる。

**ニコニコ動画**
国内の企業が運営する動画サイトとしては最大の動画投稿サービス。若者を中心に多く利用されている。

**電子書籍**
従来は紙で提供されていた書籍や出版物の情報をデジタルデータにして、電子機器のディスプレイ上で閲覧するコンテンツのこと。

**自炊**
紙の書籍を購入した読者が、自分で裁断機やスキャナを使って書籍をデジタルデータにすること。

## Let's Try ためしてみよう

富士さんの行ったことは、どうやら著作権を侵害していたようです。富士さんの行動について書かれた次の文章を読んで、正しいものには○、正しくないものには×を付けましょう。

①ドラマも出演者・脚本家など多くの人が関係しているので映画同様に問題であった。これがニュース番組であれば問題はなかった。

②動画サイトにアップロードしたのが問題であった。DVDに複写して渡せば問題はなかった。

③無料のテレビ番組でも、他人のために複写することは私的利用の範囲を超えるので、鈴木さんからの依頼を断るべきだった。

## 🎓 無断でアップロードしたりコピーしたりしない

YouTubeやニコニコ動画などの動画サイトが、若い人を中心に利用されています。電子書籍もその利便性から一般に浸透しつつあります。どちらもデジタルデータである以上、複製が容易になるわけですから、一層著作権を意識した付き合い方をしなければなりません。どこまでが許されて、どこからが違法となるのか、一緒に考えてみましょう。

### ●アップロード
動画サイトは、基本的に「著作権を持つ者（著作権者）」が動画を投稿することが原則です。著作権者とは、一般的には「その動画を作った者」あるいは「その動画の著作権を譲り受けた者」となります。
つまり、自分で撮影した動画をアップロードする分には問題はありません。それでは、映画やテレビ番組はどうでしょうか。これらは、多くの関係者、具体的には映画配給会社・テレビ局・番組制作会社などが権利を持っているので、映画やテレビ番組を録画してアップロードするということは、彼らの著作権を侵害することになります。著作権には多くの種類がありますが、この場合は「公衆送信権」の中の「自動公衆送信権」の侵害にあたります。

### ●コピー
アップロードしなくても、映画や録画したTV番組などのデータをDVDなどに複写して友人に渡す行為は、私的利用の範囲を超えてしまいます。では、書籍はどうでしょう。
書籍等をデジタルデータにして出版する「電子書籍」が急速に普及しています。電子出版されている書籍はモバイル機器などで、どこでも好きなときに読むことができ、大量に購入して持ち歩いても重くならないなどの利点があります。一方、自分で購入した紙の書籍を裁断してスキャナで読み取ってデジタルデータ化するいわゆる「自炊」をする人もいます。自炊行為そのものは合法で、電子出版されている書籍と同様に携帯しやすくなるという利点があります。
購入した電子書籍も自炊で作成したデータも、利用は私的利用の範囲内に限られます。書籍のデータをコピーして他人に渡す行為は私的利用の範囲を超え、違法となります。

### More　電子書籍の仕組み
電子書籍では、電子化されたコンテンツを閲覧するための専用のハードウェア、あるいは、パソコン・スマホ・タブレットなどで閲覧するためのアプリが必要です。
アマゾンを始め、多くの企業が電子書籍の書店をインターネット上に展開しています。通常の書店と違い在庫を気にするようなことがありませんし、クレジットカード決済をすることにより、即購入・閲覧が可能なことも魅力です。
ただし、日本では電子書籍化されていない出版物も多く、電子書籍の形式に互換性がないなど、課題も多い状況です。

### More　電子書籍のメリット
電子書籍のメリットには次のようなものがあります。
・かさばらない
・検索が容易
・紙や輸送費を削減できる（環境に優しい）
・値段が安い
・絶版が無くなる
・入手しやすい（ネットから代金決済後、すぐにダウンロードできるなど）

### More　自炊代行サービス
自炊の代行サービスを行う業者がいます。これは業者自身が、自分（＝その業者）が読むために行っているわけではないので、私的利用の範囲を超えているとみられています。自炊代行サービスは、依頼する方も罪に問われる可能性があるので、注意しましょう。

情報化社会の
モラルとセキュリティ

個人情報の
適切な取り扱い

デジタル時代の
著作権

ネット社会に潜む
危険と対策

メールによる
コミュニケーション

Webによる
コミュニケーション

モバイル機器の
活用と管理

## Step1

① 解答 ✕

解説 イラストだけでなく、デジタルカメラで撮影した画像も、撮影者に著作権があるため無断転載は違法です。

② 解答 ✕

解説 画像だけでなく、ブログの本文にも著作権は発生しますので、無断転載は違法です。ただし、適切なルールを守った引用は可能です。

③ 解答 ◯

解説 たとえ個人ブログであっても、文章や画像を転載するためには、あらかじめ著作権者（ここでは個人ブログの著者）に許可をもらう必要があります。

## Step2

① 解答 ✕

解説 著作権の観点からは、大手企業でも個人サイトでも無断転載は違法となります。また、大手研究所や大企業のデータでも、うのみにするのは危険です。特にインターネットの情報は、オリジナルの情報にあたったり、複数の情報源から情報を確認したりすることが必要です。

② 解答 ✕

解説 インターネットからのコピペを見分けるソフトウェアが存在しますので、たとえインターネットを利用しない教授でもコピペを見分けることができます。

③ 解答 ✕

解説 適切な引用、あるいは許可を得た転載なら問題はありません。

## Step3

① 解答 ✕

解説 誤字・脱字を含めて、引用元の文章を改変してはいけません。

② 解答 ✕

解説 引用は必要最低限にするべきです。

③ 解答 ✕

解説 著作者名のほか、書籍名など、読者が引用元の文章を特定できる情報を記載する必要があります。

## Step4

① 解答 ✕

解説 コピープロテクトがかかったDVDなどのメディアは、たとえ私的目的でも複製することは違法となります。

② 解答 ◯

解説 CDやDVDの家族間の貸し借りやバックアップ用の複製作成などは、私的利用の範囲に入ります。ただしコピープロテクトがかかっているものを解除することは違法になります。

③ 解答 ✕

解説 特にDVDだけ認められていない、ということはありません。ただしコピープロテクトがかかっているものを解除することは違法になります。

## Step5

① 解答 ✕

解説 ニュース番組にも、通常、制作者側の思想や表現が入っており、著作物とされますので、著作権法で保護されます。

② 解答 ✕

解説 他人への貸し借りは私的利用の範囲に含まれないので、DVDに複写して貸してはいけません。

③ 解答 ◯

解説 他人への貸し借りは私的利用の範囲に含まれません。

# ■第4章■

## ネット社会に潜む危険と対策

## Step1 ウイルスはどこからやって来る？

今や、パソコンを使っていてインターネットを使わない人はいないぐらい、インターネットの利用は欠かせないものでしょう。あなたも調べものにWebサイトを使ったり、友人との連絡にメールを使ったり、便利なフリーソフトをダウンロードしたりと、インターネットをフル活用しているのではないでしょうか。

ですが待ってください。そこに危険な落とし穴はないでしょうか。

### 事例

インターネットの世界には、無料で便利に使えるフリーソフトが溢れています。

富士さんは、パソコンにプリインストールしてあったワープロソフトと表計算ソフト以外は、ほとんどのソフトをフリーソフトから探してきて使いこなしていました。

ある日、知らない人のブログを読んでいると、無料でホームページを作れる便利なソフトがダウンロードできるWebサイトがあることを知りました。

富士さんは、早速そのWebサイトで無料のホームページ作成ソフトをダウンロードして使ってみました。なかなか使いやすく、富士さんは大満足です。

次の日、今度はレポートを作成しようと富士さんがパソコンを起動すると、なぜか過去に作ったレポートがすべて削除されていました。

どうしてこんなことになったのか、富士さんは訳がわかりません。

### 用語

**ファイル感染型ウイルス**
実行型ファイル（プログラム）に感染して制御を奪い、感染・増殖するウイルス。

**トロイの木馬型ウイルス**
無害を装い利用者にインストールさせ、データを盗んだり削除したりすることを目的としたウイルス。

**ワーム型ウイルス**
ネットワークを通じてほかのコンピューターに伝染することを目的としたウイルス。ほかのプログラムに寄生せずに自動的に増殖する。

**ボット（bot）型ウイルス**
他人のコンピューターを外部から操るためのプログラム。

**マクロウイルス**
Microsoft Officeなどに搭載されているマクロ機能を悪用したウイルス。

**HTML形式メール**
文字だけでなくHTMLによる文書の修飾表現なども含まれるメール。見栄えのするメールを送信できるというメリットがある一方、ファイルサイズが大きくなったり、ウイルスが混入したりする可能性があるなどのデメリットもある。
HTMLを利用していない文字情報だけのメールを「テキストメール」という。

**マルウェア**
悪意のあるソフトウェアの総称でウイルスも含まれる。

## Let's Try　ためしてみよう

ウイルスの感染原因について書かれた次の文章を読んで、正しいものには○、正しくないものには✕を付けましょう。

①Webサイトを閲覧しただけでウイルスに感染することもあるので、無料のホームページ作成ソフトをダウンロードしたWebサイトを表示した時点で、感染した可能性がある。

②ダウンロードした無料のホームページ作成ソフトにウイルスが含まれていた可能性がある。

③インターネットからファイルをダウンロードすることでウイルスに感染することはない。今回の事例ではなく、以前に受信したメールに添付されていたファイルから感染した可能性が高い。

## 🎓 Webサイトやメールを閲覧しただけで感染することもある！

そもそも「ウイルス」とは何でしょうか。また、どのようにパソコンに侵入してくるのでしょうか。ウイルスの多くはメールに添付される形で送信されてきます。そのほかにもいろいろな侵入経路があります。まずはウイルスの定義を確認し、続いて侵入経路を見ていきましょう。

### ●ウイルスとは何か
ウイルスとは、ユーザーが知らない間にパソコンに侵入し、パソコン内のデータを破壊したり、ほかのパソコンに増殖したりする機能を持つ悪意のあるプログラムの総称です。ファイル感染型、トロイの木馬型、ワーム型、ボット（bot）型、マクロウイルスなど様々な種類があります。

### ●ウイルスの感染経路の種類
#### ①メールからの感染
メールにウイルスが添付されて送信されてきます。この添付ファイルを開くことでウイルスに感染します。
HTML形式のウイルスメールの場合、メールを開いただけで感染することもあります。
#### ②Webサイトからの感染
Webサイト内のリンクをクリックすると感染するようなWebサイトや、Webサイトを開いただけでウイルスに感染するような悪質なWebサイトがあります。
#### ③インターネットからダウンロードしたファイルからの感染
悪意のあるユーザーが偽ってウイルスをインターネット上に公開していることがあります。ウイルスと気付かずにリンクをクリックしたり、ファイルをダウンロードしたりすることでウイルスに感染します。
#### ④USBメモリなどの移動メディアからの感染
USBメモリや外付けハードディスク、CD-ROMなどの移動メディアに保存しているファイルがウイルスに感染している場合、そのファイルをパソコンにコピーすることでウイルスに感染します。
また、USBメモリ自体がウイルスに感染している場合、USBメモリをパソコンに接続しただけでウイルスに感染することがあります。

**More　スパイウェア**

パソコン利用者に知られないように内部に潜伏し、ユーザーIDやパスワードをはじめ、各種データを収集し、外部に送信するソフトウェアのことです。厳密にはウイルスとは異なり、マルウェアのひとつとされています。

**More　マクロを含むファイル**

最近のMicrosoft Office製品では、ネット経由のファイルや、マクロを含むファイルをWordやExcelで開こうとすると警告メッセージが表示されます。メールの添付ファイルを開こうとして警告メッセージが表示された場合は、送信者に「マクロが入っていること」を確認したうえで警告を解除しましょう。

**More　身代金ウイルス（ランサムウェア）**

「身代金ウイルス」とは「ランサムウェア」ともいい、コンピュータに感染後、コンピュータの一部機能を使えないようにし、復旧させる代わりに金銭（身代金）を要求するマルウェアのことです。ランサムとは「身代金」という意味です。
身代金ウイルスに感染すると、コンピュータの操作がロックされたり、ハードディスク内のファイルが暗号化されたりします。そのうえで、身代金ウイルスは「復旧して欲しければ金銭を支払え」などの画面メッセージを表示するなどし、利用者に通告します。
身代金の支払方法は、銀行口座への振り込みや電子マネーの送信などが指示されますが、仮に支払ったとしても、コンピュータが復旧するかどうかはわかりません。

情報化社会のモラルとセキュリティ

個人情報の適切な取り扱い

デジタル時代の著作権

ネット社会に潜む危険と対策

メールによるコミュニケーション

Webによるコミュニケーション

モバイル機器の活用と管理

## Step2　進化するウイルスにどうやって対抗するか？

現在、ウイルスの怖ろしさは広く知られているので、自分のパソコンにセキュリティソフトをインストールしている人も多いでしょう。

ですが、セキュリティソフトをインストールしているだけでは、実は対策として十分ではありません。次の事例を見て、山田さんの場合を確認しましょう。

### 事例

山田さんは、念願だったノートパソコンを購入しました。それ以来、レポート作成やインターネットの閲覧など、様々に使いこなしています。

ウイルス対策については、最初からセキュリティソフトが無料で付いてきたので安心していました。

しばらくして、急にパソコンの処理速度が遅くなるなど、不具合が発生しました。山田さんとしては、セキュリティソフトがインストールされているので、特にウイルス対策には気を付けていなかったのですが、はじめてセキュリティソフトのマニュアルを読んでみました。

そこには、「定期的に、ウイルス定義ファイルを更新して最新の状態にしてください」と書かれてありました。

山田さんは「ウイルス定義ファイル」とは何のことかわかりません。もちろん、定期的に更新したこともありません。もしかして、このことが原因なのか、と考えこんでしまいました。

### 用語

**亜種**
あるウイルスに非常に似ているが、微妙に異なる特質を持つウイルスのこと。

**OS**
ハードウェアやアプリを管理制御するプログラムのこと。パソコンのWindowsやMac-OS、スマホのAndroidやiOSなどが有名。

**セキュリティパッチ**
セキュリティホールの修正プログラムのこと。

**パーソナルファイアウォール**
インターネットを経由した攻撃から個人のパソコンを守るためのソフトウェアのこと。悪意を持つ者からの攻撃やスパイウェアの侵入など、ウイルス以外の脅威にも対応できる。

 **Let's Try** ためしてみよう

ウイルス対策について書かれた次の文章を読んで、正しいものには○、正しくないものには×を付けましょう。

①最新のウイルスも検出できるように、ウイルス定義ファイルを常に最新の状態にしておくべきだった。

②万が一ウイルスに感染した場合に備えて、定期的にパソコンのバックアップを取っておくべきだった。

③OSが最新であれば、ウイルス定義ファイルの更新は必要ないので、OSさえ常に最新の状態にしておけば問題なかった。

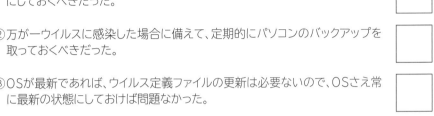

## 🎓 ウイルス定義ファイルやOSを常に最新に保とう！

新種のウイルスは日々世界中で発生しています。古いウイルス定義ファイルのままだと最新のウイルスを検出することができません。また、新しく発見されたセキュリティホールを狙ったウイルスも存在します。
ウイルス対策は、一度行って終わりというものではなく、常に継続していくことが必要です。

### ●ウイルス定義ファイルの更新
「セキュリティソフト（ウイルス対策ソフト）」には、ウイルスを特定するための情報が記載された「ウイルス定義ファイル」が含まれています。
ウイルス定義ファイルにはウイルスの特徴が記されており、この特徴と一致する情報を持ったファイルをウイルスとして認識します。
新種や亜種のウイルスは日々世界中で発生するため、古いウイルス定義ファイルのままだと最新のウイルスを検出することができません。
最新のウイルス定義ファイルはセキュリティソフトの開発元から定期的に提供されるので、常に最新のものに更新するようにしましょう。

### ●OSやアプリのアップデート
現代のソフトウェアは非常に複雑かつ高度な処理をしているため、開発段階で想定していないような不具合があることがあります。
この不具合の中でも特にセキュリティ上問題となるような不具合のことを「セキュリティホール」といいます。
悪意のある人はセキュリティホールを利用してパソコンに不正なプログラムを侵入させようとするので、セキュリティホールをふさぐための修正プログラムを導入する必要があります。修正プログラムは各開発元が提供しています。特にWindowsのような多くの人に使われるOSは狙われやすく、開発元から常に最新の修正プログラムが提供されているので、それを反映するためにアップデートを行います。なお、Windowsのアップデートは無料です。

### ●パーソナルファイアウォールの利用
パーソナルファイアウォールには、それ単体のソフトウェアやウイルス対策ソフトと組み合わせた統合型のソフトウェアなどがあります。また、最新のパソコン用のOSには、あらかじめパーソナルファイアウォールが付属しているので、まずはそれを利用してみるとよいでしょう。

| More | セキュリティソフトの機能 |
ウイルスからパソコンを守るためにはセキュリティソフトを使うことが必須です。セキュリティソフトには次のような機能があります。

**ウイルスの侵入防止**
パソコン内にウイルスが侵入することを防ぎ、メールの受信時やファイルを開く際に、ウイルスに感染していないかどうかを監視します。

**ウイルスの検出**
すでにパソコン内にウイルスが侵入しているかどうかを検査します。

**ウイルスの駆除**
ウイルスを発見した場合、ウイルスを削除します。

| More | ウイルス対策のチェックリスト |

・セキュリティソフトをインストールしている
・ウイルス定義ファイルを最新の状態に保っている
・セキュリティパッチを利用し、OSやアプリを最新の状態に保っている
・怪しいWebサイト、怪しいメールなどはアクセスしたり開いたりしない
・添付ファイルを開く前には、セキュリティソフトでウイルスの検出を行っている
・ブラウザやアプリなどで、セキュリティの設定ができるものは適切な設定をしている
・万が一ウイルスに感染した場合に備え、定期的にバックアップを取っている

情報化社会のモラルとセキュリティ

個人情報の適切な取り扱い

デジタル時代の著作権

ネット社会に潜む危険と対策

メールによるコミュニケーション

Webによるコミュニケーション

モバイル機器の活用と管理

## Step3　もしウイルスに感染してしまったら？

どんなにウイルス対策をしっかりしているつもりでも、「絶対にウイルスに感染しない」という保証はありません。万が一、ウイルスに感染してしまったら、どのような対応を取れば被害を最小限にできるのでしょうか。もしものときに適切な対応を取るためには、日常的に「もしものとき」のことを意識しておくことが重要です。

次の富士さんの事例では、どのような点がいけなかったのでしょうか。一緒に考えてみましょう。

### 事例

富士さんは「情報セキュリティ」の授業を受けて以来、ウイルスの怖ろしさを人一倍感じて、ウイルス定義ファイルの更新やOSのアップデートなどの必要な作業は定期的に行っていました。

ある日、友人の山田さんからメールが来ました。タイトルなどにも不審なところはなかったので、メールを開いたのですが、画面に怪しいウィンドウが開き続けるなど、しばらく制御不能になってしまいました。

しばらくして、パソコンの動作が落ち着いたようなので、ハードディスクの中身を確認したのですが、どうやら、いくつかのファイルが削除されたようです。

富士さんは慌てて、山田さんに電話をしました。山田さんによると、山田さんのパソコンがウイルスに感染して、アドレス帳に掲載されているメールアドレスにウイルスメールが送信されているようだ、とのことでした。

さらに山田さんは、そのウイルスが最新のウイルスであること、そしてセキュリティソフトの開発会社のX社のWebサイトで、そのウイルスを駆除するワクチンソフトを配布していることを聞きました。

富士さんは、早速X社のWebサイトでワクチンソフトをダウンロードし、自分のパソコンの中の最新ウイルスを駆除しました。

どうやらパソコンの中のウイルスは完全に駆除できたようで、「やれやれ」と富士さんが思っているところに後輩の鈴木さんから電話がありました。どうやら、富士さんから送られてきたメールを開いたところ、ウイルスに感染したようです。

さて、富士さんは一体どうすればよかったのでしょうか。

### 用語

**ワクチンソフト**
パソコンに感染しているウイルスを特定し、除去するソフトウェア。

**Let's Try** ためしてみよう

富士さんの行動について書かれた次の文章を読んで、正しいものには○、正しくないものには×を付けましょう。

①富士さんは鈴木さんに対し、メールで最初に「X社のWebサイトからワクチンソフトをダウンロードできる」ことを伝えるべきである。

②富士さんはワクチンソフトをダウンロードする前に、インターネット接続機能をオフにするべきだった。

③HTML形式のメールは、メールを開くだけでウイルスに感染することがあるので、HTML形式のメールでもテキスト形式で開くように設定する方がよい。

## まずはインターネットの接続を遮断しよう！

事例では、ウイルス感染時の対応が悪かったために、第三者にまで被害を与えてしまいました。どんなにウイルス対策をしていても、ウイルスに感染することはありえます。ウイルスに感染してしまったときの正しい対応を確認しておきましょう。

### ●ウイルスに感染したときの対応手順
#### ①まずはインターネットの接続を遮断する
LANケーブルを接続しているパソコンならLANケーブルを抜き、無線LAN搭載のパソコンなら無線LAN機能をオフにします。無線LAN機能のオン・オフの切り替えはパソコンの機種によって手順が異なります。普段利用しているパソコンでの操作方法を確認しておきましょう。
#### ②管理者に報告する
学校や職場で使っているパソコンの場合は、管理者に速やかに報告し、指示を待ちます。
#### ③電源は切らない
一度電源を切ると再び起動できないなどの症状がでる可能性があるので、電源は入れたままにします。
#### ④ワクチンソフトを利用し、ウイルスを除去する
USBメモリなどのメディア経由でワクチンソフトを入手し、ウイルスを除去します。

### ●不適切な対応では加害者になってしまうことも！
ウイルスによっては、メールソフトのアドレス帳などを乗っ取り、自分自身を拡散させるために勝手にメールを送信してしまうものもあります。事例もこれにあたります。早急に正しい対応をしなければ、自分自身が加害者になってしまうことを自覚しましょう。

### ●普段からのバックアップを心がけよう
ウイルスに感染すると、場合によってはOSを再インストールするしかないケースもあります。そのため、普段から定期的にデータをバックアップしておく事が重要です。

**More** モバイル機器のウイルス対策

スマホやタブレットなどはパソコンと同じように利用できますが、ハードウェアやOSが異なるため、パソコン用のウイルスがそのまま感染することはありません。しかし最近ではスマホやタブレットを狙ったウイルスやスパイウェアも出てきており、注意が必要です。パソコンと同じく、次のような対策が必要です。
・OSやアプリをアップデートする
・怪しいアプリはダウンロードしない
・セキュリティソフトを導入する

**More** メディアを入手したら

USBメモリなどの移動メディアを介してウイルス感染が広がった事例も報告されています。
データの受け渡しなどのためにUSBメモリなどを入手したときは、次の手順で対策を行います。
①USBメモリをパソコンにセットする前に、2次感染しないように、まずパソコンのLANを無効化する。
②パソコン本体のウイルスチェックや駆除を行う。
③USBメモリをパソコンにセットすると、ファイルを自動再生してしまう場合があるので、自動再生機能をパソコン側でオフにする。
④USBメモリをパソコンにセットして、USBメモリに対してウイルスチェックや駆除を行う。

情報化社会のモラルとセキュリティ

個人情報の適切な取り扱い

デジタル時代の著作権

ネット社会に潜む危険と対策

メールによるコミュニケーション

Webによるコミュニケーション

モバイル機器の活用と管理

## Step4 パスワードが他人に漏れたら？

パソコンのログインを始め、メール、ネットショップ、オークションなど、ユーザーIDとパスワードを使うシーンは多くあります。

いくつものユーザーIDやパスワードを覚えるのはなかなか大変なので、もしかして、紙にメモしていたり、パスワードを簡単なものにしていたりしないでしょうか。

次の事例を見て、パスワードが他人に漏れたらどのようなことになるか考えてみましょう。

### 事例

山田さんはネットショップで買い物をするのが趣味です。いくつかのネットショップを利用しているので、ユーザーIDとパスワードを忘れないように、ノートパソコンの液晶の下のスペースに、付箋でユーザーIDとパスワードの一覧を貼り付けています。

ある日、カフェでレポートを作っていた山田さんは、数時間レポート作成に没頭し、とりあえず一段落したので自宅に帰ることにしました。

夕食後、自室で再度パソコンを開き、今度は気分転換にネットショッピングをしようとしたところ、覚えがない商品が何点か注文されていることに気が付きました。

山田さんは今日の午後、カフェではレポートを作っただけでネットショッピングはしていません。ずっとパソコンで作業をしていました。ただ、よく考えてみると、お手洗いに行くために一度席を立ったことを思い出しました。

山田さんとしては、どうしてこんなことになったのか、よくわかりません。

ユーザーID:○○
パスワード:△△

### 用語

**辞書攻撃**
辞書にある単語を片端から試すような形で、パスワードを破ろうとする攻撃。

**オートコンプリート**
一度入力した文字列を再度入力すると、先頭から文字が一致する文字列の全文を表示し、選択することで入力できる機能。

**なりすまし行為**
ほかの人のユーザーIDやパスワードを不正に使用してサービスなどを利用する行為。

**不正アクセス禁止法**
正式には「不正アクセス行為の禁止等に関する法律」といい、なりすまし行為やセキュリティホールなどを攻撃してシステムなどに侵入する行為を禁じている。

 **ためしてみよう**

事例では、山田さんが席を離れたときに、悪意を持つ人にユーザーIDとパスワードを盗み見られていたようです。パスワードの管理方法について書かれた次の文章を読んで、正しいものには○、正しくないものには✕を付けましょう。

① パスワードは重要なので複雑なものにした方がよいが、忘れないように様々なサービスで統一した方がよい。

② ユーザーIDやパスワードを付箋に書いてパソコンに貼ったり、メモしたものをパソコンの近くに置いたりすべきではない。

③ パスワードは辞書に載っている単語ではなく、英数字を組み合わせた意味を持たない文字列がよい。

 **個人情報が漏えいしたり、クレジットカードを勝手に使われたりすることもある!**

様々なサービスを利用する際に、いくつものユーザーIDとパスワードを利用していると思います。これらは通帳の暗証番号や金庫の鍵に相当するもので、他人に漏れた場合、あなたの個人情報が流出することになります。また、ネットショップのWebサイトのユーザー情報に、クレジットカードの情報を登録している人もいるでしょう。その場合、クレジットカードを勝手に利用されてしまうかもしれません。

このように、ユーザーIDとパスワードは他人に漏れないよう、きちんと管理することが必要なのです。

**●パスワード管理のための注意事項**

**①メモを残さない**

パスワードは自分の記憶にとどめ、手帳などに記さないようにします。付箋に書いてディスプレイの横に貼るなどの行為は絶対にやめましょう。

**②わかりにくい文字列にする**

誕生日や電話番号など、他人から類推されやすいものは避けます。単純な文字列だと「辞書攻撃」によりパスワードが見破られやすいというデメリットもあります。

**③英数字を組み合わせる**

類推されることを防ぐために有効な手段です。

**④定期的に更新する**

万が一、悪意のある人にパスワードが見破られても、定期的に変更することで被害を食い止めることができます。

**⑤それぞれのサービスで異なるパスワードにする**

同じパスワードを複数のサービスで利用していた場合、ひとつのサービスのパスワードが見破られると、すべてのサービスに侵入される恐れがあります。

**⑥最低でも6～8文字以上とする**

パスワードは長ければ長いほど見破られにくくなります。

**⑦人にパスワードを教えない**

たとえセキュリティ管理者に聞かれても、教えてはいけません。

**More キーロガー**

コンピューターのキー入力の状況を記録するプログラムです。本来はシステム解析を行ったり、ユーザーの入力を分析したりするといった使い道のソフトウェアですが、悪意のある人にユーザーのパスワードやクレジットカード番号を盗むスパイウェアとして使われることがあります。

**More パスワード管理ツールを利用する**

サービスごとに複雑なパスワードを設定したうえで、すべて暗記するのは大変です。有料や無料など多くのパスワード管理ツールが用意されていますが、実績のあるセキュリティメーカーのものを選ぶと安心です。

**More オートコンプリートの利用**

オートコンプリートを利用すると、ユーザーIDとパスワードを入力するときに、ユーザーIDを一覧から選択することでパスワードも自動的に入力することができます。

非常に便利な機能ですが、同じパソコンを第三者が使うとパスワードがわからなくてもログインできてしまうという危険な側面もあります。ほかの人と共用して使うパソコンでは利用しない方が賢明です。

**More なりすまし行為**

ほかの人のユーザーIDやパスワードを使用してオンラインゲームなどに不正アクセスする事例が多く報告されています。こうしたなりすまし行為は、不正アクセス禁止法で禁じられており、未成年の検挙者も数多く出ています。

情報化社会のモラルとセキュリティ

個人情報の適切な取り扱い

デジタル時代の著作権

ネット社会に潜む危険と対策

メールによるコミュニケーション

Webによるコミュニケーション

モバイル機器の活用と管理

## Step5 ネットショッピングなどでトラブルに遭わないためには？

インターネット上で行うネットショッピングは自宅にいながら様々なショップで商品を探すことができます。消費者同士が取引をするネットオークションやフリマでは、欲しいものを安く手に入れることができます。このような利便性から、年々利用者が多くなってきていますが、気を付けなければならないことはないのでしょうか。一緒に考えてみましょう。

### 事例1

山田さんは、あるファッションブランドの大ファンです。そのブランドの新作バッグを様々なネットショップで探し、ようやく在庫のあるショップを見つけました。初めてのショップでしたが、ホームページのデザインなどもしっかりしていて安心できそうです。会社概要や支払方法のページを確認しようと思いましたが、「残り1個」と書いてあったので、慌てて注文を確定させました。やっと購入できて満足した山田さんですが、2週間以上経っても商品が届きません。

### 事例2

プロサッカーの大ファンの富士さんは、ある日、ネットオークションで日本代表のN選手のサイン入りボールを見つけ、即入札しました。しかし、残念なことに、富士さんの予算を上回る金額で別の人に落札されてしまいました。

ところが翌日、落胆していた富士さんに、サイン入りボールの出品者を名乗る人からメールが届きました。そこには、「落札者が購入を辞退したため、次点の富士さんに、富士さんの入札価格で購入して欲しい」と書かれていました。

喜んだ富士さんは、急いで出品者情報を確認しました。出品者の評価は普通でしたが、住所が「東京都新宿区」と聞いたことのある地域だったので、安心して入札価格と送料を振り込みました。

しかし、1週間経ってもサイン入りボールは届きません。

### 用語

**特商法**
正式には「特定商取引に関する法律」といい、業者と消費者間の紛争が生じやすい取引について、取引の公正性と消費者被害の防止を図ることを目的とした法律。例えば、通信販売業者は、特商法に基づく表記として「返品不可」と明記していない限りは、購入後8日間は返品を受けるよう定められている。ネットショップを利用する際には、特商法に基づく表記を確認すべきである。

**暗号化通信**
通信内容が盗聴などされないよう、データを暗号化して通信するもの。

**SSL**
ホームページの通信を暗号化する規格のひとつで、実質的に標準規格となっているもの。ブラウザーのURL欄が「https://」から始まっていて、鍵マークがついていれば暗号化通信が行われている。

**CtoC**
電子商取引の取引の関係を表した用語で、消費者同士の取引を指す。「Consumer to Consumer」の略。

**Let's Try** ためしてみよう

ネットショッピングやネットオークションを利用する際の注意点について書かれた次の文章を読んで、正しいものには○、正しくないものには✕を付けましょう。

①ネットショップの会社概要を確認し、住所や固定電話の番号など身元がしっかりしたところであるかどうか、確認した方がよい。

②代金引換（代引き）や商品受け取り後の支払いなど、安全な支払方法ができるかどうか確認した方がよい。

③出品者を名乗る人から直接メールが来て取引する場合、オークションサイトの事務局に相談すべきである。

## 🎓 ネットショップやネットオークション利用時の注意点を確認しよう！

ネットショッピングやネットオークションは便利な反面、相手の顔が見えない、商品の現物が届くまで確認ができないなどトラブルになりやすい要素が多くあります。事例の二人は、残念ながら詐欺に遭ってしまいました。

このように、ネットショッピングやネットオークションでは様々なトラブルに遭う可能性があります。トラブルのパターンや予防策、対応方法を確認しましょう。

### ●ネットショッピングにおけるトラブルのパターン
・**違法取引**：著作権を侵害した偽ブランド品や海賊版コンテンツの販売。著作権侵害コンテンツと知りながらのダウンロードや購入も罰せられる
・**不正請求・架空請求**：身に覚えのない利用料金などの請求
・**その他**：「届いた商品がイメージと違う」「返品不可」「無料と思っていたら有料サービスだった」など

### ●ネットショッピングでトラブルを避けるためのチェックリスト
・会社概要の住所や連絡先、その他怪しい部分がないかを確認する
・利用規約または特商法に基づく表記における返品や料金に関する記載、およびプライバシーポリシーの内容を確認する
・暗号化通信（SSL）をしているかどうかを確認する
・注文する商品や支払方法を確認する

### ●ネットオークションにおけるトラブルのパターン
・代金を支払ったのに商品が届かない
・オークションで見た商品とは異なる商品が届いた
・オークションのときには説明のなかった欠陥のある商品だった
・商品を送ったのに代金が届かない（出品した場合）

### ●ネットオークションでトラブルを避けるためのチェックリスト
・オークションサイトのルールを守る
・オークションサイトの出品者の評価やオークション履歴を参考にする
・商品の価格が不自然な動きをしていたら慎重に対応する
・後払いを選択したり、エスクローサービスを利用したりする
・出品者が業者の場合は住所・連絡先などが適切に記載されていない出品者とは取引しない。個人の場合は落札後に住所や連絡先を確認する

---

**More　ネットショッピングの悪質化する手口**

不正請求には、画面上の画像や文字をクリックしただけで利用料などを請求してくる「ワンクリック請求」や「ワンクリック詐欺」などもあります。

このような不当な請求に屈してしまうと、悪質な業者に「脅せば支払うユーザー」と認識され、要求がエスカレートする可能性があります。状況に応じて、家族や消費生活センター、警察に相談しましょう。

**More　ネットオークションで見られる詐欺**

ネットオークションで見られる詐欺には、次のようなものがあります。

**次点詐欺（繰上詐欺）**
出品者であるかのように偽り、「落札者が購入を辞退した」などといって取引を持ちかける詐欺です。代金を支払っても商品が届かない、オークションで見た商品とは異なるものが届けられるといったこともあります。

**つりあげ詐欺**
自分の商品を高く売りたいと考える出品者が、サクラを用意するなどして入札金額を吊り上げ、高い金額で購入者に買わせようとする詐欺です。

**とりこみ詐欺**
購入者に代金を支払わせたうえで商品を送らないケースと、逆に出品者から商品を受け取ったうえで代金を支払わないケースの2種類があります。

**More　エスクローサービス**

ネットオークションなどのCtoC取引において、取引の安全性を高めるために仲介するサービスのことです。具体的には、当事者同士が直接代金のやりとりをするのではなく、第三者が一時的にオークションの落札者から代金を預かり、出品者から落札者に商品が届けられたのを確認してから、代金を出品者に渡します。

情報化社会のモラルとセキュリティ

個人情報の適切な取り扱い

デジタル時代の著作権

ネット社会に潜む危険と対策

メールによるコミュニケーション

Webによるコミュニケーション

モバイル機器の活用と管理

# Step6 ネット中毒にならないためには？

SNSで友人とコミュニケーションをとったり、オンラインゲームを楽しんだりと、インターネットを使っていると、あっという間に時間が過ぎてしまう、という人も多いでしょう。

ですが、どんなに便利で楽しいものでも使い過ぎてしまうと、心や体の健康を害してしまうことになりかねません。次の事例を見て、どのような問題が起こりうるのか考えてみましょう。

**事例1**

山田さんはSNSを利用して多くの友人と近況をやり取りしたり、コメントし合ったりして楽しんでいます。あるとき、買い物に向かう自転車に乗りながら片手でスマホを操作していたら、曲がり角から子どもが飛び出してきてびっくり！　自転車ごと転倒してしまいました。

**事例2**

富士さんはパソコンでのオンラインゲームに夢中になっており、毎晩楽しんでいます。最初のころは「12時には終わらせて就寝しよう」と決めていましたが、最近ではますますハマってしまい、朝方まで続けてしまうことがちょくちょくあります。当然、朝起きるのが辛く、授業をさぼってしまう日もでるようになりました。以前は仲の良かった友人が「ちゃんと学校に来いよ」と声を掛けてくれたのですが、それが煩わしく感じられ、富士さんの方から友人を避けるようになってきました。その結果、学校に行って人と会って話す機会もずいぶん減ってきています。そんなこともあり、富士さんはますますオンラインゲームに没頭してしまっているようです。

**用語** ・・・・・・・・・・・・・・・・・・・・・・・・・・・・・・・・・・・・・・・・・・・・・・

**チャット**
リアルタイムに文字情報を交換するコミュニケーションサービス。

**フィルタリングサービス**
有害なWebサイトなどへの接続を遮断するサービス。

**オンラインゲーム**
インターネットを介して同時に複数の人と遊べるタイプのゲーム。

**Let's Try** ためしてみよう

事例の山田さんや富士さんのパソコンやスマホの利用状況は、明らかに行き過ぎといえるものです。パソコンやスマホの利用状況について書かれた次の文章を読んで、正しいものには〇、正しくないものには✕を付けましょう。

①山田さんのように、スマホを操作しながら運転しているのが自転車であっても法律違反になる。

②富士さんのようにオンラインゲームをやり過ぎると、日常生活が面倒くさくなり、人間関係の構築に支障をきたすことがある。

③富士さんのようなゲーム利用ではなく、仕事でパソコンを利用するという目的であれば長時間継続しても特に問題は発生しない。

情報化社会のモラルとセキュリティ

個人情報の適切な取り扱い

デジタル時代の著作権

ネット社会に潜む危険と対策

メールによるコミュニケーション

Webによるコミュニケーション

モバイル機器の活用と管理

## 🎓 何ごとも節度を持って使いこなしましょう！

パソコンやスマホ、インターネットは、コミュニケーションやエンターテイメントの世界を大きく広げてくれます。非常に楽しいのは理解できますが、パソコンやインターネットに過度に依存することは、精神的にも肉体的にも大きな危険が潜んでいます。

### ● 精神的な影響

ゲームやSNS、チャットなどをしていると、あっという間に時間が経ってしまいます。パソコンは人間の指示どおり忠実に動いてくれるので、そういった時間は心地良いものです。ですが、そこに落とし穴があります。あなたが本来やらなければならない現実世界での務め（勉強、アルバイト、その他）を行う時間を蝕むばかりか、パソコンと違い「思い通りに行かないこともある」現実世界とのかかわりを避けようとする傾向がでてきます。

その結果、ひどいケースでは学校をやめたり、仕事をやめたりする人も出てきています。そこまでいかなくても、「パソコンやスマホを触っていないと落ち着かない」「ネットに接続していないと不安だ」という気持ちが少しでもあるようなら要注意。ネット中毒の入口に立っているのかもしれません。身に覚えがある人は、自覚して、「本来やるべきこと」を意識してパソコンやモバイル機器、インターネットに依存した生活を改める必要があります。また、身の回りにそのような人がいたら、家族や周りの人が気付いて、カウンセリングを受けさせるなどの対応を取ることが必要です。

### ● 肉体的な影響

パソコンやスマホの画面を長時間見続けていると眼精疲労をはじめ、ドライアイ、視力低下など眼に影響が出てきます。また、長時間操作を続けたり悪い姿勢をとったりしていると、指・腕・首・肩・腰などに負荷がかかります。その結果、肩こりや首・背中のこり、腰痛、腱鞘炎などの症状が出ることがあります。

これらを予防するには、正しい姿勢で操作するほか、長時間操作しない、どうしても必要なときは、1時間に5分程度の休憩を定期的にとる、などの対策が必要です。

**More 利用料金に注意**

スマホ、ケータイなどのモバイル機器はいつでも持ち歩いて操作できるのが魅力ですが、気を付けないと料金が高額になってしまいます。特にスマホはケータイと比べ、通信量が増大する傾向にあるので注意しましょう。定額制の料金プランにするという選択肢もあります。

**More 道路交通法**

道路交通法では、車両等を、スマホなどを見たり、手に持って操作したりしながら運転することを禁じています。これは自動車だけでなく自転車にも適用され、自転車でも違反が確定すれば懲役または罰金の刑に処せられることがあります。

また、過失で事故を起こした場合、高額な賠償金を求められるケースもあります。

**More 青少年インターネット環境整備法**

携帯電話事業者やインターネット接続事業者に対して、利用者が18歳以下の青少年である場合には、コンテンツへのフィルタリングサービスを提供することを求めている法律です。また、サイト管理者に対しては、青少年が有害な情報を閲覧しないようにする取り組みを求めています。

**More オンラインゲーム利用時の注意事項**

オンラインゲームに夢中になり過ぎると肉体的・精神的な影響が出ます。それ以外にもインターネット接続料金、有料ゲームの場合はゲーム利用料が高額になってしまうことになります。無料のオンラインゲームもありますが、「長く楽しむためには有料アイテムが必要」など、人の射幸心を強くあおってお金を使わせるタイプのゲームもあります。きちんとルールを決めて、適度に利用することが必要です。

第4章 ネット社会に潜む危険と対策

## Step1

① 解答 ○

**解説** Webサイトを閲覧しただけでウイルスに感染することもあります。

② 解答 ○

**解説** ダウンロードしたファイルにウイルスが含まれていることもあります。

③ 解答 ✕

**解説** インターネットからファイルをダウンロードするだけでウイルスに感染することもあります。

## Step2

① 解答 ○

**解説** ウイルス定義ファイルが古い状態だと、最新のウイルスを検出できません。

② 解答 ○

**解説** ウイルスに感染すると、動作が遅くなるなどの不具合が発生したり、パソコンに保存しているデータが削除されたりするおそれがあります。定期的にバックアップを取るようにしましょう。

③ 解答 ✕

**解説** OSが最新でも、古いウイルス定義ファイルのままだと、最新のウイルスを検出できません。必ずウイルス定義ファイルも最新の状態に更新しておく必要があります。

## Step3

① 解答 ✕

**解説** ワクチンソフトのダウンロードよりも、まず最初にインターネットの接続を遮断し、被害がさらに拡大しないようにするべきです。

② 解答 ○

**解説** ウイルス感染が拡大しないようにするため、まず最初にインターネットの接続を遮断することが必要です。なお、ワクチンソフトのダウンロードは、感染したパソコンではなく、正常なパソコンから行います。その後、USBメモリなどのメディアを介して、ウイルスを除去します。

③ 解答 ○

**解説** テキスト形式のメールであれば、開いただけでウイルスに感染することはないので、このような対策は有効です。

## Step4

① 解答 ✕

**解説** 各サービスで異なるパスワードにしないと、ひとつのサービスのパスワードが漏れたときに、すべてのサービスのパスワードが漏れることになります。

② 解答 ○

**解説** 盗み見られる可能性があるため、ユーザーIDやパスワードを第三者の目に付くようにしてはいけません。

③ 解答 ○

**解説** 意味のない英数字を組み合わせることにより、悪意のある人が類推しにくいパスワードになります。

## Step5

① 解答 ○

**解説** 住所や固定電話の番号など身元がしっかりしているネットショップの方が安全なので、きちんと確かめるべきです。

② 解答 ○

**解説**「商品が届かないのに支払う」というリスクを避けるため、後払いを選べるショップの方が信頼できます。

③ 解答 ✕

**解説** オークション外の取引をオークションサイトがフォローしてくれることはありません。自己責任で取引を行う必要があります。

## Step6

① 解答 ○

**解説** 道路交通法では、自転車であってもスマホを操作しながら運転することは違反とされています。

② 解答 ○

**解説** パソコンやインターネットに過度に依存すると、人間関係を避けるようになることがあります。

③ 解答 ✕

**解説** 目的に関わらず、パソコンの長時間使用は、目の疲労につながるので適度な休憩が必要です。

# ■第5章■

# メールによる
# コミュニケーション

## Step1 悪意のメールを見破るには？

メールは非常に便利なコミュニケーションツールですが、一方で様々な種類の悪意のあるメールが存在します。そこにはどのような落とし穴があるのでしょうか。そして、それらを防ぐにはどうしたらよいのでしょうか。一緒に考えてみましょう。

### 事例

山田さんはパソコンから銀行振り込みなどの操作ができるインターネットバンキングを利用しています。ある日、インターネットバンキングで利用している銀行から、「パスワード定期変更のお願い」というメールが届きました。メール本文に書かれたURLをクリックすると、普段利用しているインターネットバンキングのトップページがブラウザに表示されたので、ユーザーIDとパスワードを入力してログインし、その後、新しいパスワードへの変更作業を行いました。

後日、山田さんが公共料金の振り込みのためインターネットバンキングを利用しようとすると、なぜか古いパスワードでしかログインできませんでした。その後、預金残高を見てびっくり！　なんと、身に覚えがないのに預金が全額引き落とされていたのです。山田さんは何がなんだかわかりません。

### 用語

**迷惑メール**
いろいろな方法でメールアドレスを調べ出し、受信側の意思とは関係なく大量に送られてくるメールのことで、宣伝や広告を目的としている。「スパムメール」「ジャンクメール」とも呼ばれる。

**チェーンメール**
不幸の手紙のように、不特定多数のユーザーに転送されるメールのこと。チェーンメールにより、メールサーバやネットワーク全体に負荷がかかることがある。

**フィッシングメール**
ユーザーIDとパスワードを詐取するための偽のサイトへ誘導するメール。

**メルマガ**
電子メールを使って定期的に情報を発信するサービスのこと。「メールマガジン」の略。有料のもの、無料のもの、どちらも存在し、企業・団体だけでなく個人で発行している人も多い。

**メールサーバ**
各個人のメールを送受信したり、メールを蓄積したりするサーバ。個人の識別はユーザーIDとパスワードの認証機能で管理している。

**オプトインメール**
あらかじめユーザーに許可をもらったうえで送信するメール。

**ドメイン**
メールアドレスの「@」より後ろの部分をドメインといい、メールサーバを特定することができる。

 **ためしてみよう**

フィッシングメールによるトラブルの予防策について書かれた次の文章を読んで、正しいものには〇、正しくないものには×を付けましょう。

①銀行からメールが来て、そこからアクセスしたWebサイトのアドレスが間違いなく銀行のものであれば、安心してパスワードを変更してもよい。

②山田さんはよく懸賞サイトやメルマガにメールアドレスを登録して楽しんでいるが、そのようなところで収集されたメールアドレスが詐欺業者に渡ることもあるので、ネット上での個人情報の登録は必要最低限にするべきである。

③セキュリティソフトの迷惑メールフィルターを利用すれば、フィッシングメールは完全に防げるので直ちに設定すべきである。

## 🎓 トラブルのもととなるメールのパターンを知って、正しく見極めるスキルを持とう!

ウイルスの多くがメール経由で感染することはよく知られています。しかし、それ以外にもメール関連のトラブルはいろいろあります。メール経由のトラブルの代表的なものは以下の3種類です。
① 迷惑メール（スパムメール・ジャンクメール）
② チェーンメール
③ フィッシングメール

### ●予防策
上記のようなトラブルの予防策のひとつは、むやみに個人情報を提供しないことです。懸賞やメルマガなど、メールアドレスの入力を促すWebサイトは多く存在しますが、安易に登録していると、上記のようなメールが送られてくる原因になりかねません。また、ブログや掲示板などに自分のメールアドレスを記載することも極力控えましょう。Webサイトに書かれたメールアドレスを自動的に収集するプログラムなどが存在し、メールアドレスの売買などに使われています。その他、推測されにくいメールアドレスを使う、受信専用のメールアドレスを取得して、使い分けるなどの方法も有効です。
①の迷惑メールの予防策として、メールサーバやメールアプリ、セキュリティソフトなどの迷惑メールフィルターの利用があります。

### ●対応策
①②③のようなメールが届いてしまった場合は、すぐに削除しましょう。不審なメールだけれども悪意のあるメールかどうかわからない場合は、インターネットなどで出回っているメールでないか調査します。
②のチェーンメールの拡散防止対策は、なんといっても受信しても転送せずに削除することです。内容が善意的なものであっても、偽の情報を転送すれば、転送相手の信頼を損ねることにもなりかねません。
③のフィッシングメールは、本物の企業のサイトに似せた偽のサイトに誘導するメールで、本物のサイトと思わせ入力させたユーザーIDとパスワードを詐取し、悪用します。このようなメールを受け取った場合は、本物のサイトで真偽を確認しましょう。

**More 迷惑メール防止法**
正式には「特定電子メールの送信の適正化等に関する法律」といいます。ほかの略称として「特定電子メール法」ということもあります。「特定電子メール」とは、広告・宣伝・営業活動として送信される電子メールのことであり、ユーザーから承認を得ていない特定電子メールを原則禁止としています。
事前に受信者の許諾を得ているオプトインメールであれば、特定電子メールの送信は可能ですが、その場合でも受信拒否を行うための連絡先を明記することなどが義務付けられています。

**More 善意が迷惑になることも**
人助けのつもりで、善意でメールを発信したり、善意で転送していたりしても、当事者に問い合わせが殺到してしまったり、日時を正確に記載せずに数年たってからも問い合わせが入ってしまったりすると、結果的には迷惑行為になってしまいます。
情報を拡散させる場合はきちんと状況を確認し、日時や場所などの記載内容に配慮して行わないと、かえって迷惑をかけてしまうことがあります。

**More 迷惑メールフィルター**
迷惑メールフィルターとは、迷惑な広告メールなどを遮断する機能で、受信拒否機能や指定受信機能などがあります。また、迷惑メールを自動判別して振り分けるものもあります。

**受信拒否機能**
迷惑メールの発信元のドメインやメールアドレスを設定することで、当該メールの受信を遮断します。

**指定受信機能**
受信したいメールの発信元のドメインやメールアドレスを設定することで、当該メール以外の受信を遮断します。

情報化社会のモラルとセキュリティ

個人情報の適切な取り扱い

デジタル時代の著作権

ネット社会に潜む危険と対策

メールによるコミュニケーション

Webによるコミュニケーション

モバイル機器の活用と管理

# Step2　相手のことを考えたメールとは？

普段、ケータイやスマホでよくメールを使っている人も、レポートの提出や質問など
を教授に送付するときはパソコンからメールを送るのではないでしょうか。

教授以外にも、OB・OGや先輩にメールを送るときなど、親しい友人間のメールのやり取りとは異なるマナーがありそうです。どんなことに気を付ければよいでしょうか。

## 事例

富士さんは普段ケータイで友人とメールのやり取りをしていますが、これまであまりパソコンでメールを書いたり送受信したりすることはありませんでした。

今回、田中教授が、「宿題のレポートをメールに添付して提出するように」というので、久しぶりにパソコンでメールを書きました。

レポート自体は、ワープロソフトで作成し、それをメールに添付しました。メール本文には何を書いてよいかわからなかったので、簡単に書いて送信しました。

後日、田中教授の授業に出ると、田中教授は「メールのマナーを知らない人が多くて驚いたよ」と苦笑いしていました。

富士さんのメールにも問題があったのでしょうか。

差出人：富士太郎＜taro_fuji@xx.xx.jp＞
件名：
宛先：田中教授
こんにちは。
宿題レポートです。
m(＿ ＿)m

## 用語

**迷惑メールフォルダー**
ウイルスメールをチェックするセキュリティソフトやメールアプリで、ウイルスメールや迷惑メールの可能性があるメールを振り分けるフォルダー。

**機種依存文字**
丸数字・ローマ数字・単位記号など、パソコン・ケータイなどの機種に依存する文字。ほかの機種で表示すると、正しく表示することができない。

**圧縮**
ファイルサイズを小さくして保存すること。対語は解凍または伸張。ファイルを利用するときは解凍する。

**ファイル転送サービス**
メールに添付できない容量の大きなファイルなどを転送するサービス。

富士さんが書いたメールに対する次の指摘事項について、正しいものには○、正しくないものには×を付けましょう。

①メールの件名がないのはマナー違反である。

②本文は丁寧に書かれていてよい。

③学生の名前だけだと教授には誰かわからない。学年や学部・専攻など、自分のことを特定できるような署名が必要である。

# メールにも守るべきマナーがあります

普通の郵便を出すときでも、親しい友人に送る場合と目上の方に送る場合では書き方を変えますよね。メールでも同じです。正式なメールや目上の方へのメールには守るべきマナーがあります。きちんと守らないと、先方に呆れられたり、迷惑をかけてしまったりすることになります。ぜひ、正しいメールの書き方をマスターしましょう。

## ●メールの正しい書き方
### ①件名は目的や要件を簡潔明瞭にする
件名のないメールは相手に不信感を抱かせますし、開いて見るまで内容がわからないので不親切です。また、迷惑メールフォルダーに入れられてしまう可能性も高いです。
### ②1行の文字数は35～40文字程度で、適宜改行を入れる
本文は要点をまとめて簡潔に書きます。パソコンでは35～40文字程度で折り返すと見やすくなります。また、適宜改行を入れましょう。
### ③メールの末尾に署名を入れる
メール発信者は、氏名のほかに自分の所属や連絡先を記載した「署名」を付けるのがマナーです。
### ④半角カタカナや機種依存文字を使わない
半角カタカナや機種依存文字はメールを受け取る側の環境によって、正しく表示されないことがあるので使用を控えましょう。
### ⑤メールや添付ファイルのサイズに注意する
メールを送受信できるデータ量に制限がある場合があるので、メールや添付ファイルのサイズはあまり大き過ぎないようにしましょう。
特に、画像の入ったレポートなどは文字だけのものに比べてファイルサイズが大きくなる傾向があります。レポートに貼り付ける画像のサイズを調整したり、添付するファイルを圧縮したりといった配慮が必要です。どうしてもサイズを小さくできない場合はファイル転送サービスを利用するようにしましょう。
### ⑥テキスト形式にする
メールにはテキスト形式とHTML形式があります。HTML形式は、閲覧するだけで感染するウイルスが存在し、ファイルサイズも大きくなるので、テキスト形式のメールを作成しましょう。

**More　ビジネスメールのマナー**

ビジネスメールのマナーは、基本的にビジネス文書のマナーと同じです。前文・主文・末文の構成で、前文には自分の名前のほか、挨拶の言葉などを入れます。主文は用件を簡潔に書き、末文で結びの言葉を入れます。その他、解説にあるチェックリストの内容も参考にしてください。

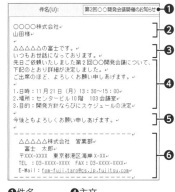

❶件名　　❹主文
❷宛先　　❺末文
❸前文　　❻署名

**More　返信引用のマナー**

メールの返信で、もとの文章を引用する際には「＞」などを付けて引用部分が明確になるようにします。
以前は、通信速度などの制限があり、「引用は必要な部分のみ」という考え方が主流でしたが、現在では高速通信が一般化したこともあり「全文引用した方が過去の議論がすべてわかる」という考え方も出てきています。どちらの考え方が正解ということはありませんが、相手の通信環境なども考慮したうえで、ケースに応じて対処することが必要です。

情報化社会のモラルとセキュリティ

個人情報の適切な取り扱い

デジタル時代の著作権

ネット社会に潜む危険と対策

メールによるコミュニケーション

Webによるコミュニケーション

モバイル機器の活用と管理

## Step3　知人のメールアドレスを第三者に知らせていないか？

メールは、複数の人に一斉に送信できるなど大変便利なものです。ですが、ちょっと待ってください。送信する相手全員がお互いにメールのやり取りをする間柄であれば、それぞれのメールアドレスがわかっても問題ないかもしれませんが、そうではないケースもあるようです。

次の事例を見て、どんな問題が起こり得るのか、考えてみましょう。

### 事例

富士さんは学生野球の大ファンです。彼の大学が選手権の地区大会の決勝に出場することになったため、できるだけ多くの応援を集めようと張り切っていました。

富士さんは自分のクラス、サークル、ゼミ・・・と、さらにはアルバイト先の仲間にまで、「〇月×日、△大学野球部の地区大会決勝を応援に行きませんか」というメールを一斉に送信しました。

努力の甲斐があり、当日は多くの人が応援に来て、富士さんの大学も優勝したので大満足でした。

それから1週間後、大学の同じクラスの山田さんから相談を受けました。なんでも、野球の応援のときにはじめて知り合った、富士さんのバイト仲間から毎日のようにメールが来る、というのです。山田さんは明らかに困った様子。さて、富士さんの対応に問題はなかったのでしょうか。

一斉送信!!

### 用語

**CC**
メールを写しとして送信するときの宛先。「Carbon Copy」の略。

**BCC**
ほかの人に伏せてメールの写しを送信するときの宛先。「Blind Carbon Copy」の略。

 **ためしてみよう**

富士さんは複数の人とメールをやり取りする際のマナーに違反してしまったようです。複数の人とメールをやり取りする際のマナーについて書かれた次の文章を読んで、正しいものには○、正しくないものには×を付けましょう。

① メールアドレスも本人を特定できれば個人情報となるので、取り扱いに気を付けなければならない。

② 今回のように、お互いに面識のない複数名にメールを送信する場合は、1通ずつ送信するしかない。

③ 今回のように、お互いに面識のない複数名にメールを送信する場合は、全員のメールアドレスをBCCの欄に入力するべきだった。

情報化社会のモラルとセキュリティ

個人情報の適切な取り扱い

デジタル時代の著作権

ネット社会に潜む危険と対策

メールによるコミュニケーション

Webによるコミュニケーション

モバイル機器の活用と管理

##  複数の人とメール交換するマナーをおさえよう!

1対1のやり取り（私信）と違い、複数の人とメールでやり取りする場合には気を付けなければならないことが多くあります。

例えるならば、私信は2人だけの会話ですが、一斉送信は大勢の中での発表にあたるでしょう。当然、全員に聞かれて問題ない内容にしなければなりませんし、また、個別の内容は避けるべきでしょう。

今回の事例では、お互い面識のない人達を宛先にしたメールを送信することで、結果的に全員のメールアドレスを知らせてしまったことが問題だったようです。メールアドレスは本人が特定できれば個人情報になるので、取り扱いに注意が必要です。正しい取り扱い方を確認しておきましょう。

### ●「TO」「CC」「BCC」を使い分ける

メールの送信欄には3つのアドレス入力欄があります。

TO ：正式な送信先のアドレスを入力します。

CC ：このメールの正式な宛先ではないけれども、参考程度に知っておいて欲しいという場合に利用します。

BCC：ここに入力されたアドレスは、ほかに「TO」や「CC」で一斉送信した方には見えません。

「BCC」の使い方は、まさに今回の事例のように、「お互いに面識のない多くの方に一斉送信する」場合などに有効です。

また、「TO」や「CC」で受け取ったメールは「全員に返信」を使って返信すると同報者全員に返信できますが、全員が「BCC」で受け取ったメールは送信者本人にしか返信できません。

注意する必要があるのは、ほかの人にTOまたはCCで送られたメールがあなたにBCCで送られているときです。ほかの人はそのメールがあなたに送られていることを知りませんが、あなたが「全員に返信」をすると、ほかの人にも返信が届くので、あなたにもメールが送られていたことがわかってしまいます。それぞれの特性を理解して、状況や目的に応じて使い分けるようにしましょう。

**More　同報メールへの返信**

同報メールを受け取ったあとに全員に返信する際、宛先に外部の人が含まれていることに気付かず、秘密情報を書いてしまったなどの例があります。注意しましょう。

**More　メーリングリストのマナー**

メーリングリストとは、1つのメールアドレスに対してメールを送れば、あらかじめ登録してあるメンバー全員にメールが配信される仕組みです。メーリングリストを利用するときのマナーには、次のようなものがあります。

・特定個人宛てのメールをメーリングリストに流さない

・メーリングリストのメンバーの多数に関係あることでなければ、個別にメールをする

・誹謗中傷・感情的なメールは避ける

・メーリングリスト内で流れた内容を、メーリングリスト以外で発信しない（転載許可などがあればこの限りではない）

・メーリングリストのアドレスを許可なくメンバー以外に知らせない

・メールアドレスを変更した場合は速やかに登録アドレスの変更を行う

・ひとつのメーリングリスト内で、並行して複数の話題が議論されることがあるので、発信する際は「どの話題についてか」を件名などで明らかにする工夫をする

**More　件名の「RE」「FW」とは**

受信したメールに返信をする場合、件名の冒頭に「RE」が付記されます。これは「返信」であることを意味するもので、この記号をつけたまま返信した方が、相手にとってわかりやすくなります。また、受信したメールを別の人に転送する際は、件名の冒頭に「FW」がつきます。これは「転送」を意味するもので、こちらもそのまま使うことにより、相手に意図が通じやすくなります。

# Let's Try Answer ためしてみよう 解答と解説



## Step1

① **解答** ×

**解説** 高度な技術を使ったフィッシング詐欺では、銀行などの正式なアドレスを表示しながら詐欺サイトへ誘導するものもあるので、注意が必要です。

② **解答** ○

**解説** 悪意を持った人は、メールアドレスをはじめとした個人情報を収集しています。個人情報の登録・提供は必要最低限にしましょう。

③ **解答** ×

**解説** **「指定受信機能」**を使えば登録した発信元以外のメールを防げますが、一般的に使われる**「受信拒否機能」**や**「プログラムによる自動判別機能」**では、完全には防げません。届いたメールにフィッシングメールが紛れていないかどうかは、自分自身で判断しなくてはなりません。

## Step2

① **解答** ○

**解説** 公的なメールやビジネスメールには、適切な件名が必要です。具体的でわかりやすい件名を入力しましょう。

② **解答** ×

**解説** 授業の日時や講座名を明記しないと、教授からは**「どの講座のレポート」**なのかがわかりません。また、適切な敬語を使用すべきですし、顔文字は不適切です。

③ **解答** ○

**解説** きちんと自分のことを明らかにする署名が必要です。

## Step3

① **解答** ○

**解説** メールアドレスも本人を特定できれば個人情報となるので、取り扱いには注意が必要です。

② **解答** ×

**解説** 全員のメールアドレスをBCCに入力すれば、受け取った人からはほかの人のアドレスが見えないので、一斉送信しても問題ありません。

③ **解答** ○

**解説** ②の解説にあるとおり、BCCに入力すれば問題ありません。

# ■第6章■

## Webによる
## コミュニケーション

# Step1 情報の信ぴょう性を見極めるには？

インターネット上では様々な情報を入手できます。大変便利なことですが、それらの溢れる情報はすべて正しいものなのでしょうか。信用してトラブルに巻き込まれたりしないでしょうか。次の事例を見て、一緒に考えてみましょう。

## 事例1

富士さんは、同じ大学の学生のFacebookで、「うちの大学のサッカー部がリーグ戦で10年ぶりに優勝！　おめでとう」という投稿を見ました。

その日は土曜日だったので、富士さんは早速サークル仲間の十数人に「今夜、お祝い飲み会をやろう！」とメールを送信しましたが、あとでその情報が間違いだったことがわかりました。盛り上がりがいっぺんにしぼんで気まずくなってしまいました。

## 事例2

ある朝、山田さんはあるWebサイトで「C信用金庫、財務体質が急激に悪化」という記事を見つけました。山田さんはC信用金庫に預金をしてあったので、あわてて近くの支店に預金をおろすために向かったところ、支店の入り口前は顧客が殺到しており、とても中に入れたものではありませんでした。しばらくすると、職員が外に出てきて「混雑して大変危険なので、本日は営業を中止とさせていただきます」というではありませんか。集まっていた顧客は、職員に詰め寄り、さらに騒然となりました。山田さんは仕方なく自宅に帰りました。

午後、別のニュースサイトを見ていた山田さんは、C信用金庫の財務体質悪化というのは根拠のない記事だったというニュースを発見しました。

実際に、C信用金庫のWebサイトには「本日の一部報道について」とリリース文が出されており、全く事実と異なる、ということが書かれていました。

### 用語

**検索エンジン**
自分が関心を持つ単語を入力して、それに関連あるインターネット上のコンテンツを検索する機能。Google、Yahoo!などが有名。

**RSS**
Webサイトの更新情報を配信するためのフォーマット。

**ブックマーク**
本を読むときのしおりにあたるもの。ブラウザに搭載されている機能で、興味関心があるWebサイトへアクセスするために、そのサイトのアドレスを記憶し、一覧表示できるもの。

情報化社会のモラルとセキュリティ

個人情報の適切な取り扱い

デジタル時代の著作権

ネット社会に潜む危険と対策

メールによるコミュニケーション

Webによるコミュニケーション

モバイル機器の活用と管理

 **Let's Try** ためしてみよう

富士さんも山田さんも誤情報に振り回されてしまったようです。二人はどのように対応すればよかったのでしょうか。次の文章を読んで正しいものには○、正しくないものには×を付けましょう。

①富士さんは、Facebookに投稿した学生に「優勝が事実かどうか」を確認すればよかった。

②山田さんはひとつのWebサイトだけではなく、「C信用金庫の財務体質悪化が事実かどうか」を、ほかのWebサイトでも確認すればよかった。

③山田さんは大手マスコミではないWebサイトの情報を信用したが、今後はそのようなものの閲覧はやめ、必ず事実が書いてある大手マスコミのニュースサイトだけを信用すべきである。

## 🎓 複数のメディアの情報を確認し、情報を見極める態度を身に付けよう!

インターネット上に溢れる情報は玉石混交です。誰でも自由に発信できるインターネット上では、匿名で発信された不確かな情報も、大手メディアが裏付けを取って発信した情報も同じように検索されてくることがあります。また、どんな大手メディアでも間違えた情報を発信することもありえます。このような中で、私たちはどのようにそれらの情報を見極めればよいのでしょうか。情報の信頼性と信ぴょう性について考えてみましょう。

### ● 信頼性と信ぴょう性

「信頼性」とは、「人や組織・団体に対し、どれぐらい信用できるか、その程度」という意味です。また、「信ぴょう性」とは「書かれている内容について、どれぐらい信用できるのか、その程度」という意味になります。

したがって、インターネット上の情報の信頼性とは「そのWebサイトを誰(どんな組織・団体)が管理しているのか」ということが焦点になりますし、信ぴょう性とは「そのWebサイトに掲載されている情報が正しいか」ということが焦点になります。

インターネット上では、公共団体や企業のような組織・団体から個人まで、様々な管理者がいます。一般的には、公益性、公平性、チェック体制、管理体制などの観点から、公共団体、企業、個人の順に信頼性は高いといえます。

一方、信ぴょう性ですが、これは発信された情報の内容の問題なので、どんなに信頼性が高いサイトの情報でも、必ずしも信ぴょう性が高いとはいえません。発信者の立場や役割、利害関係などを考慮に入れて判断し、さらにインターネットに限らず複数の情報にあたって判断することが必要です。信頼性と信ぴょう性、両方を意識して情報を見極めましょう。

**More** 情報を見極めるチェックリスト

Webサイトの信頼性と信ぴょう性を確認する基準は、次のとおりです。

信頼性のチェック

・管理者名を確認し、どのような組織・団体あるいは個人であるかを確認する
・管理者の連絡先が正しく記載されているかを確認する
・どのような目的のために作成されたサイトかを確認する
・情報の発信日時・更新日時を確認する

信ぴょう性のチェック

・1つのメディアだけでなく、複数のメディアで確認する
・可能であれば、情報源を確認する
・その情報に対する発信者の利害を考える
・古い情報ではないかを確認する

**More** Web検索のテクニック

代表的な検索エンジンでは、言語を指定したり、最終更新日が最近のものを検索したりするなど、検索の条件指定が様々に用意されています。

**More** 膨大な情報から必要なものを探し出す方法

情報を収集する方法はいろいろとあります。

RSSリーダー

Webサイトやブログの更新情報(RSS)をキャッチし、自動的に教えてくれるツールです。多くのサイトをチェックするのに役立ちます。

ソーシャルブックマーク

インターネット上に自分のブックマークを保存し、ほかの人と情報を共有するものです。ほかの人が公開しているブックマークを情報源として、有用なページを探し出すことができます。

## Step2 SNSで情報を発信するメリットは？

FacebookやLINEなどのSNSを利用して友人とコミュニケーションを楽しんでいる人も多いでしょう。しかし、SNSは遊びに使うだけではありません。うまく使えば、いろいろと役立てることもできそうです。次の斉藤さんの事例をもとに一緒に考えてみましょう。

### 事例

斉藤さんは大学の理学部のゼミで化学物質XXの実験をしています。

もともと社交的なことが少し苦手な斉藤さんでしたが、授業やゼミでは真面目に取り組んでおり、簡単には説明が難しいゼミの実験のことを、自分のFacebookに定期的にアップしています。それを読む友人からは「わかりやすい」と評判です。

そんな斉藤さんも就職活動を行う時期となり、いくつかの企業に応募しました。希望する企業のうち1社はFacebookに採用ページを作っていたので、そこからエントリーしました。

しばらくして、Facebookから応募した企業から面接選考の連絡がありました。

斉藤さんは、苦手な面接の練習を積んで本番に挑みました。ですが、先方の採用担当者3名の前の席に1人で座ると、大変緊張しました。何とか自己紹介を一通り終えたのですが、頭の中が真っ白になり、その場から逃げだしたい気持ちになりました。

その時、面接官の1人が「あっ、君か」と斉藤さんに話しかけました。

「大学で化学物質XXの研究をしている人だよね。あなたのFacebook、よく見ていますよ。毎回わかりやすく説明していて感心していますよ」

それを聞いて、斉藤さんは緊張もとけ、残りの面接も何とかうまく終えることができました。些細なことではありますが、日々の積み重ねが、斉藤さんという人物をよく知ってもらうことに役立っていたようです。

### 用語

**実名登録**
ソーシャルメディアなどで、プロフィールに実名を登録・公開すること。

## Let's Try　ためしてみよう

斉藤さんはFacebookに様々な投稿をしています。発信する情報の内容について書かれた次の文章を読んで、正しいものには○、正しくないものには×を付けましょう。

①斉藤さんは、参加しているボランティアの活動内容について具体的に投稿していた。

②ゼミ発表の打ち上げコンパで、お酒に酔って悪ノリしている様子を投稿したこともあった。

③Facebookで交流する親しい友人からは、「文章が固い」とよくいわれていたが、「誰に読まれても不快に感じられないような言葉遣い」を続けていた。

# 情報を積極的に発信すれば世界が広がります！

SNSでは情報を受信したり友人とコメントをやり取りしたりするだけでなく、あなたらしさを伝える情報や価値のある情報を発信することを続けていけば、就活以外にも様々に世界が広がる可能性があります。そもそもSNSはどういったもので、どういうことに気を付けていけばよいのか、そこから一緒に考えていきましょう。

## ●SNSの特徴

SNSとは、「ソーシャル・ネットワーキング・サービス」の略で、インターネットのユーザーがWeb上のサービスの会員となって利用するものです。会員同士のコミュニケーションがサービスの中心となっています。
様々なテーマのコミュニティーで同じ趣味・嗜好を持つ人と交流したり、文章や画像などを投稿して友人との交流を楽しんだりすることができます。

## ●どのような投稿をすればよいか

堅く考える必要はありません。あなたが普段考えていることや行動していること、具体的には学校の勉強・サークル・バイト・友人のことなど、身近なことから投稿していきましょう。
そのようなことを継続するうちに、あなたの人柄が伝わりますし、また、あなたの得意分野・専門性などを伝えることもできるようになるでしょう。
そういった投稿を見て、従来からの知人があなたの新しい一面を発見してくれることもあるでしょうし、新たな出会いにつながるかもしれません。新しい世界が広がる第一歩と考えてみてはどうでしょうか。

## ●投稿する際のチェックリスト

・言葉遣いに気を付ける
・自分・友人・家族の個人情報に気を付ける
・誹謗中傷をしない
・自分がされて嫌なことは他人にもしない
・学生・社会人としての見識を疑われるようなことはしない

### More　代表的なソーシャルメディア

代表的なソーシャルメディアには、次のようなものがあります。

**Facebook**
世界中で10億人以上が使う世界最大のSNSです。実名登録制を採用しています。

**Instagram**
写真や動画の共有に特化したSNSです。

**LINE**
無料通話、無料チャットサービスです。無料でもパケット代はかかるので注意が必要です。

**Twitter**
著名人や面識のない人の情報もチェックしやすいミニブログサービスです。

**YouTube**
ユーザーが撮影・投稿した動画を共有するサービスです。

### More　実名登録制のメリットとデメリット

実名登録制のメリットとデメリットは、次のとおりです。

**実名登録制のメリット**
・昔の知り合いとサービス上で出会えることがある
・求人や仕事の依頼が来ることがある
・匿名の掲示板などと比べ、悪意のあるコメントが書かれたり、内容がエスカレートしたりすることが少ない

**実名登録制のデメリット**
・親しくない知人などあなたが意図しない人に読まれている可能性がある
・プライベートと仕事など、使い分けがしにくくなる
・個人情報の流出につながりやすい

情報化社会のモラルとセキュリティ

個人情報の適切な取り扱い

デジタル時代の著作権

ネット社会に潜む危険と対策

メールによるコミュニケーション

Webによるコミュニケーション

モバイル機器の活用と管理

# Step3 災害時にSNSが活躍する？

普段はコミュニケーションや趣味のツールとしての印象が強いSNSですが、有事の際には、私たちにとって頼もしい情報インフラとなります。
一体、どのように使えるのでしょうか。次の事例を見てみましょう。

**事例**

山田さんは大学の図書館で勉強中に、突然強い揺れに襲われました。
しばらくして揺れはおさまりましたが、自宅にいる両親や、高校にいるはずの弟のことが心配です。山田さんは自宅や弟のケータイに、スマホから電話をかけてみましたが、混みあっているのか、あるいは通話規制がされているのか、一向につながりません。
山田さんが困り果てていたとき、一緒に図書館にいた友人の富士さんが横でノートパソコンを鞄から出し、操作し始めました。
富士さんはどうやら、Twitterで最新情報を入手したり、Facebookで自宅の人にメッセージを送ったりしているようです。山田さんは、自分の母親がFacebookをやっていることを思いだし、富士さんからノートパソコンを借りて母親にメッセージを送りました。また山田さんの弟はTwitterをやっているので、弟にもTwitterのメッセージを送りました。
しばらくして、母親と弟からそれぞれ返信があり、どちらも無事とのこと。ほっと安堵する山田さんでした。

**用語**

**インフラ**
水道やガス、電気、電話回線など、社会基盤を支える設備や仕組みのこと。

**公式アカウント**
自治体・鉄道会社、著名人などが正式に運営しているアカウント。ソーシャルメディアの各サービス側から本人（正式な団体）であると確認がとれたアカウントが対象となっている。

**＃（ハッシュタグ）**
SNSの投稿に付与するキーワードを明確にしたり、分類したりするためのラベルのこと。主にTwitterやInstagramなどで使われる。

**ライフラインアカウント**
Twitterで、地域の公共機関などのアカウントを検索する機能。

**シェア**
Facebookで、ほかの人の投稿を自分のタイムラインにコピーし、友達に見てもらう機能。

**いいね！**
Facebookで、ほかの人の投稿に対し賛同の意を表す機能。

**リツイート**
Twitterで、ほかの人の投稿を自分のタイムラインに表示する機能。標準機能で行う「公式RT（リツイート）」のほかに「非公式RT」がある。

**タイムライン**
Twitterでは、自分がフォローしている人のツイートや、自分のツイートが一覧表示される機能。
Facebookでは、自分の投稿した記事が一覧表示される機能。

**フォロー**
Twitterで自分の気になる人の投稿を随時チェックできるようにする機能。

## Let's Try　ためしてみよう

災害時のSNSの利用方法について書かれた次の文章を読んで、正しいものには〇、正しくないものには✕を付けましょう。

①TwitterやSNSなどは、携帯電話や固定電話の回線が通話規制されているときでも使えることがあるので、災害時の安否確認などに利用することができる。

②Twitterで災害の最新情報がどんどん流れて来るので、必要な人に情報が届くように、そのような情報を見つけたら、例外なく転送するように努めた。

③Twitterでは一般個人の発信する情報しか流れてこないので、政府や自治体などの公式情報はWebサイトやFacebookを利用して確認するようにした。

## 🎓 最新情報の収集や安否確認に使える！

事例では、FacebookやTwitterを利用して、家族と連絡が取れたようです。実際に2011年3月11日の東日本大震災においても、ソーシャルメディアが有効に使われていました。どのような活用方法があるのか、また注意する点はないのか、ひとつずつ確認しましょう。

### ● なぜソーシャルメディアが災害時に有効に使えたのか？

災害が発生すると、該当地域の携帯電話や固定電話との音声通話は、回線が混雑したり基地局が破壊されたり、また通話規制が行われたりと通じにくくなります。

一方、インターネット経由のデータ通信は、特定の経路を通るわけではなく、自動的に通行できる経路を選択して送受信を行うため、一般的に災害時であっても使えることが多いのです。

### ● どのような活用方法があるのか？

まずは事例のように、普段からソーシャルメディアでコミュニケーションを取っている相手の安否を確認することができます。

また、ソーシャルメディアでは、政府や自治体、企業などの公式アカウントもあるので、そこから情報を入手することも可能です。

さらに、ソーシャルメディアで多くの人とつながっている場合、お互いが有益な情報を発信しあうことにより、リアルタイムに現場の情報を伝えるメディアのような使い方もできます。

万が一、大雨などの水害で自宅に取り残されてしまった場合などは、「#（ハッシュタグ）」を付けて救助要請のツイートをするようにしましょう。例えば、「#救助要請、#〇〇町」などです。このような#付きのツイートは拡散され、自治体や救助機関に伝達される可能性が高くなります。現実に、このようなツイートが契機となり、救助された人が数多くいます。

### ● どのようなことに気を付けるべきか？

特に個人の発信する情報には、悪意はなくても間違いや偏った情報が含まれている場合があります。さらに悪意をもってデマや風評を流す人もいます。正しい情報であれば、より多くの人に伝えたいものですが、間違った情報やデマなどを拡散しないよう、十分に真偽を確認してから拡散させるようにしましょう。また、自分の情報を拡散してくれた人にもお礼の気持ちを伝えるなど、マナーのある使い方を心がけましょう。

---

**More　災害用伝言ダイヤル　災害用伝言板サービス**

大規模な災害発生時に、各電話会社が提供するサービスを使って、安否情報を確認することができます。

伝言ダイヤルは固定電話のサービスで、伝言板サービスはスマホやケータイのサービスです。これらのサービスは、災害時にだけ提供されますが、毎月、体験できる日程があるので、備えとして、家族など周囲の人と試しておくとよいでしょう。

**More　緊急速報メール**

「緊急地震速報」「津波警報」「災害・避難情報」などがあります。地震速報は揺れがくる直前に発信されます。津波警報は到達が予測される地域に発信されます。災害・避難情報では自然災害の情報やそれに関する避難情報を発信します。

スマホなどでは、機種によって、受信設定やアプリが必要になる場合もあるので、あらかじめ確認しておきましょう。

**More　災害対策への取り組み**

Twitterの「ライフラインアカウント」や、安否情報を登録・検索できる「Googleパーソンファインダー」などのように、ソーシャルメディアを利用した災害対策の取り組みが進んでいます。有事の際に的確に利用するには、どのようなサービスがあり、どのように利用できるのかを確認し、備えるようにしましょう。

**More　情報拡散の著作権**

Facebookでは「シェア」や「いいね！」、Twitterでは「リツイート」の機能で情報を拡散することができます。標準機能の範囲でほかの人の情報を拡散することは著作権侵害になりませんが、原文をコピペ、改変して拡散する行為は著作権侵害に抵触することもあります。

情報化社会のモラルとセキュリティ

個人情報の適切な取り扱い

デジタル時代の著作権

ネット社会に潜む危険と対策

メールによるコミュニケーション

Webによるコミュニケーション

モバイル機器の活用と管理

## Step4 リベンジポルノの被害に遭わないためには？

ネット上でのコミュニケーションにおいて、見知らぬ人とのやり取りに気を付けている人は多いと思います。では、知人とのやり取りはどうでしょうか。信頼できる相手とのコミュニケーションに、落とし穴はないのでしょうか。

**事例**

山田さんはSNSで知り合った男子大学生と付き合うようになりました。最初は見知らぬ人、ということで警戒心もあったのですが、SNS上に共通の友人がおり、SNSで交流していくうちに趣味なども合うように感じたからです。

付き合い始めの頃、彼から「会えないときに写真を見たいから、写真を送って欲しい」といわれ、普通の写真などを送っていましたが、二人の仲が親密になるにつれ、彼は下着姿の写真など、過激なものを要求してくるようになりました。

山田さんとしては本当はそのような写真を送るのは嫌でしたが、「断って彼に嫌われたらどうしよう」などと考え、つい送ってしまうのでした。

そのうち、彼の要求はさらに過激になっていきました。意を決した山田さんが「そういうのは嫌だから」と拒否しても、彼は自分の要求を収めません。

あまりの彼の身勝手さに愛想をつかした山田さんは、「彼に別れて欲しい」とメールをしました。すると、彼からの連絡が途絶えてしまいました。

少しほっとした山田さんでしたが、それもつかの間、しばらくすると彼からまたメールが来ました。

そのメールには、山田さんと復縁したいこと、そして、もし復縁できないのならば、以前もらった下着姿の山田さんの画像を匿名掲示板にアップロードする、という脅しが書かれていました。

このメールを読んだ山田さんは、驚きと恐怖に包まれ、どうしたらよいのかわからなくなってしまいました。

信頼している相手とのコミュニケーションについて書かれた次の文章を読んで、正しいものには○、正しくないものには✗を付けましょう。

①信頼関係を崩さないために、相手からの要求にはできるだけ応じるようにする。

②信頼関係のある相手とのネット上のコミュニケーションにおいても、悪意を持つ者が「なりすまし」をしている可能性があることを常に頭に入れておく。

③信頼関係のある相手から送られたメッセージや添付ファイルは間違いなく安全なので、特別気を付けることはない。

## 🎓 どんなに親しい間柄でも、公開されて困る情報は渡さない！

交際中に撮影したプライベートな写真を、別れたあとで「復縁してくれなければ公開するぞ」と脅したり、実際にネットに投稿してしまったりするケースが増えています。これらは「リベンジポルノ」と呼ばれ、社会問題にもなっています。

### ●その他のリベンジポルノの事例
そのほかにも次のような事例があります。
・有名人（男性）が、自分のファンである女性とTwitterで知り合い交際スタート。3年ほど付き合ったが男性の方から別れ話を持ち出した。別れたあとになって女性が当時のプリクラ写真やLINEでの過激な会話などをTwitterにアップした。
・ネットで知り合った男女。1年ほど交際したが女性の方から別れ話を切り出した。逆上した男性は、女性を待ち伏せたり、電話をかけたりなどのストーカー行為を繰り返し、最終的には交際中に撮影した裸の写真をネット上に公開した。

### ●よく考えて行動することが必要
交際中の相手から裸の写真が欲しいと頼まれると、その気持ちに応えてあげたくなったり、拒否すると嫌われるかも…と不安になったりして、相手の言いなりになってしまうという気持ちもよく理解できます。
しかし、あなたの人生はこれからの方が長いのです。もっとたくさんの人に出会う中で、新たな恋愛を経験する可能性の方がはるかに高いでしょう。
一度、ネット上で拡散した画像をすべて消去することは不可能です。
もしプライベートな写真がネット上に拡散してしまったら、将来の恋愛はもちろんのこと、就職や結婚、今後の人間関係にまで深刻な影響を及ぼしかねません。
相手が本当にあなたのことを大切に思っているのなら、あなたの気持ちをきちんと伝えれば理解してくれるはずです。
それでも、自分勝手な気持ちでプライベートな写真を要求するような相手であれば、交際自体を考え直した方がよいのではないでしょうか。

---

**More　信頼関係につけ込む手口が増えている！**

人間は見知らぬ者には警戒しますが、信頼している人には心を許し、安心します。
この当たり前の心理につけ込む手口が増えています。
一説によれば、知らない人からのメールよりも、知り合いからのソーシャルメディアのメッセージの方が、マルウェアに感染する確率が10倍も高いとのことです。知り合いからだと、安心して添付ファイルを開いたり、URLをクリックしたりするのだと考えられます。
「信頼関係につけ込む」という手段があることを常に意識して行動するようにしましょう。

**More　LINEのなりすまし詐欺に注意！**

LINEで他人のアカウントを乗っ取り、本来のアカウントの持ち主になりすまして、友人にメッセージを送って詐欺をはたらく事件が多発しています。
具体的には、コンビニでプリペイドカードを買ってくるように依頼し、友人がプリペイドカードを購入すると、今度はそこに書かれている暗証番号をメッセージで送るように要求します。
この暗証番号さえあれば、ネット上で買い物などができるので、なりすました者はこの暗証番号を狙っているのです。
このように、ソーシャルメディアで繋がっている相手との通信においても安心はできません。
友人からのメッセージが「なにか変だな」と感じたら、本人しか知らないことを尋ねてみたり、電話をかけてみたりするなど、本人に確認することを心がけましょう。

情報化社会のモラルとセキュリティ

個人情報の適切な取り扱い

デジタル時代の著作権

ネット社会に潜む危険と対策

メールによるコミュニケーション

Webによるコミュニケーション

モバイル機器の活用と管理

## Step5　悪ふざけのつもりがバイトテロに？

親しい友人の間で、ウケを狙って悪ふざけをするという行動は、多かれ少なかれ誰もがやってきたことかもしれません。

友人とのコミュニケーションのつもりで、FacebookやTwitterにその様子を投稿したらどうなるでしょう。ネット上の書き込みはあっという間に世間一般に広まることもあるのです。

### 事例

大川さんは大手コンビニエンスストアGチェーンの店舗でバイトをしています。

ある日、深夜番のバイトだった大川さんは「自分がアイスクリームの冷凍ケースに入った写真を送ったらみんなにウケるだろうな」と思いつきました。

大川さんは、早速アイスクリームの冷凍ケースに入り、その様子を自撮りして、「熱帯夜だけど涼しいよ♪」とメッセージを付けてTwitterに投稿しました。すぐに仲間から「面白れぇ！」「超ウケる！」などの反応があり、大川さんも大満足です。

朝になってバイトも終わり、帰宅途中の電車の中で大川さんがスマホを見てみると、大勢の知らない人から非難のメッセージが大量に届いていました。

大川さんは慌ててブログやFacebookを見てみましたが、そちらも同じような状態でした。大川さんはTwitterではニックネームを使っていたのですが、なぜか実名までバレてしまっていました。

その後、ネットユーザーの非難はコンビニエンスストアGチェーン本部にも殺到し、最終的にはGチェーン本部の役員が謝罪会見を開き、店舗はフランチャイズ契約の解除を通告されました。

大川さん自身は学校を退学になり、さらに閉店となった店舗のオーナーから損害賠償請求を起こされてしまいました。

### 用語 ••••••••••••••••••••••••••••••••••••••••••••••••••••

**公開範囲**
SNSにおいて自分の投稿を「誰まで見せるか」というプライバシーの制限を管理する範囲。

## Let's Try　ためしてみよう

事例の大川さんは、悪ふざけのつもりでしたが大変な事態を引き起こしてしまいました。大川さんは、ソーシャルメディアをどのように利用するべきだったのでしょうか。次の文章を読んで正しいものには○、正しくないものには×を付けましょう。

①Twitterでは、普段ごく親しい友人としか投稿のやり取りをしていないように錯覚しがちだが、本当は世界中のユーザーから見られるものであることを常に心がけておくべきだった。

②Twitterをニックネームで利用していても、Twitter社に問い合わせれば本名を教えてくれるので、本名は必ずバレることを自覚しておくべきだった。

③大川さんは炎上に気づいたら、すぐに該当のツイートを削除し、新しいツイートで謝罪するべきだった。

## 🎓 ネットは公共の場であることを常に忘れずに

事例のように学生アルバイトがふざけて不適切な行動をソーシャルメディアに投稿して非難が殺到する「炎上」騒ぎがいくつも起きています。このような現象を「バイトテロ」と呼び、また、こういった投稿にTwitterが使われることが多いことから、投稿者のことを「バカッター」と呼んだりします。大川さんの行動は許されるものではありませんが、悪ふざけで行ったことに対する代償としては、非常に大きいものになってしまいました。しかし、大川さん以上に損害を受けたのは、コンビニエンスストアチェーンの本部や店舗のオーナーです。本部は世間からの信用を失い、オーナーは経営していた店舗を閉鎖するという事態に追い込まれました。オーナーとしては損害賠償請求もやむを得ないところでしょう。最近では、バイトテロを起こした者に対し、特に直接的な被害が発生しなくても、企業側が「抑止力」となることを狙い、高額の損害賠償を請求することも多くなっています。
このように、ほんの出来心でやったことが取り返しのつかないことになってしまうこともあるのです。

### ●その他のバイトテロの事例
そのほかにも次のような事例があります。
・そば屋の学生アルバイトが洗浄機に入り込んだ写真を投稿、店にクレーム電話が相次ぎ、閉店。その後破産申請。学生は大学側から停学処分とされる。
・看護専門学校生が学校に併設している病院の患者の臓器を撮影し投稿。学校側が謝罪し、学生は退学。

### ●行き過ぎた発言はしない
不適切な発言を見たユーザー側が、過激な言葉で攻撃したり、発言とは関係のない事柄まで持ちだして誹謗中傷したりすることもあります。攻撃する相手が目の前にいないうえ、匿名性が保たれることや集団心理なども作用し、発言がどんどんエスカレートしていく傾向にあります。それが炎上を引き起こす原因にもなり、大きな問題へと発展していきます。他人を不愉快にしたり良識を欠いたりした投稿は避けるべきです。ネット上だから・・・と気持ちを緩めず、常に現実社会と同じような心構えで情報を発信していきましょう。

**More　匿名やニックネームでも要注意！**

ブログやTwitterは匿名やニックネームで利用することができ、Facebookは公開範囲を制御できます。
「実名じゃないから、多少面白いこと（刺激的なこと・毒があること）を言っても大丈夫だろう」などと思っていませんか。
匿名の投稿や公開範囲を限定した投稿でも、転載されたり、投稿内容を不愉快と思うユーザーに、ブログやTwitterなどの過去情報を洗いざらい調べ上げられ、実名や個人情報をさらされたりする事件が多発しています。また、個人情報がさらされなくても、ブログやTwitterなどに非難のコメントが殺到し、ブログやアカウントの閉鎖などに追い込まれるケースも多くあります。

**More　投稿を削除すれば安心？**

もし不適切な投稿をしてしまった場合、速やかに削除しましょう。
そして、不適切な発言をした旨を説明し、誰かが見て不快な思いをした可能性があるのであれば、きちんと謝罪することが必要です。
しかし、削除さえすれば安心、というわけにはいきません。気が付いてから投稿を削除しても、投稿のコピーやキャッシュ、画面キャプチャなどが出回ってしまうこともあります。なによりも、投稿するときに気を付けることが大切です。

**More　個人情報や誹謗中傷が書き込まれたら**

電子掲示板やWebサイトに自分の個人情報や誹謗中傷などが書き込まれた場合、プロバイダに対して、削除要請をすることができます。また、プロバイダ責任制限法により、当該記事の発信者の情報を開示請求することも可能です。

## Step6 インスタ映えを気にし過ぎるのは格好悪い？

SNSのインスタグラムが、若い女性を中心に人気です。インスタグラムを利用するユーザーの多くは、「綺麗・お洒落・可愛い」、いわゆるインスタ映えする写真を撮影し、ほかのユーザーと共有することを楽しんでいます。

しかし、インスタグラムに夢中になり過ぎて、ルール違反やマナー違反などを犯していないでしょうか。次の事例を見て、一緒に考えてみましょう。

### 事例1

小山さんは、友人と一緒にテーマパークへ遊びに行きました。そのテーマパークには、西洋のお城に似せて作った美しい建築物があります。

「ぜひ、このお城と一緒の様子を撮影して、インスタグラムにアップしたい」と考えた小山さんは、友人に自分のスマホを渡し、撮影を依頼しました。

しかし、お城が大きすぎて全体が写真に入りきらないようです。

思案した結果、小山さんがお城の塀の上に登り、友人に下から見上げる状態で撮影してもらうと、お城の全体が写真に入りそうなことがわかりました。早速、塀を登り始めた小山さんでしたが、途中で足を滑らせ、転落して足首を捻挫してしまいました。

幸いにも、通りかかったスタッフに医務室まで運んでもらい、小山さんは手当てを受けることができました。

しかし、医務室のスタッフに「お城の塀は立入禁止と看板がありましたよね」と注意を受けてしまいました。

### 事例2

市川さんが友人と2人でショッピングをしていると、お洒落でかわいいアイスクリームを販売している店舗を見つけました。

あまりにも可愛いので、インスタグラムに投稿してほかの友達に自慢しようと思いました。そのアイスクリームは、カラフルで様々な種類があるため、複数購入して撮影した方が、インスタ映えしそうです。そこで、市川さんたちは、とても2人で全部食べ切れないと思いながらも、アイスクリームを6個購入しました。

撮影と投稿が終わった後、市川さんと友人はアイスクリームを1つずつ食べ、残りはお店のゴミ箱に捨ててしまいました。

市川さんたちは特に気にする様子もなく、楽しそうに帰っていきましたが、そんな2人の様子を、店員が困った顔で見ていました。

### 用語

**インスタグラム（Instagram）**
撮影した写真や短時間の動画などをユーザー同士で共有する、写真や動画に特化したSNS。

**インスタ映え**
インスタグラムに投稿した写真のうち、見映えのする（お洒落な）ものを形容する表現のこと。投稿すると見映えがすると思われる被写体を形容する際にも使われる。

インスタグラムを利用する際のルールやマナーについて書かれた次の文章を読んで、正しいものには〇、正しくないものには×を付けましょう。

① 綺麗なお花畑があったので、中に入って撮影してインスタグラムに投稿した。「立入禁止」とあったが、花を踏まないように気を付けて入ったので問題ない。

② 珍しいラベルの瓶入りジュースを見つけた。それを購入し、自宅に帰ってから撮影してインスタグラムに投稿した。

③ 量が多いことで有名なラーメン店に行った。インスタグラムに投稿するために、食べきれないことを承知で超大盛を頼んだ。半分以上残したが、お金はきちんと払っているので問題ない。

# インスタグラムは気持ちに余裕と節度を持って楽しみましょう！

インスタグラムでは、多くのユーザーが、綺麗な写真や可愛い写真など、いわゆるインスタ映えする写真を投稿しています。それらを見るのは楽しいものですし、そのような写真を投稿して楽しみたい、と思うこともあるでしょう。

しかし、インスタ映えする写真を撮影することに、あまりにも夢中になり過ぎ、周りが見えなくなるケースがよく見られます。事例にあったとおり、ルール違反（立入禁止の場所への侵入など）やマナー違反（残して捨てること前提で食品を購入など）があると、多くの人に迷惑をかけたり、不快な気持ちにさせたりしてしまいます。特に事例1のような危険なルール違反は、自分自身や他人を傷つけ、最悪の場合、生命にかかわる状況にもなりかねません。絶対にやめましょう。

もちろん、「少しでも自分のことを良く見せたい」「お洒落な写真を自慢したい」という気持ちもわかります。

しかし、想像してみてください。あなたの知らない誰かが、インスタ映えする投稿をしようとして、ルール違反やマナー違反までして必死になっている姿は、格好悪いと感じませんか？

これは、あなた自身にとっても同じことです。もし、あなたが過剰にインスタ映えを気にして投稿しているのなら、その様子は、投稿を見る第三者から透けて見えています。

気持ちに余裕と節度を持って楽しむことが、本当にお洒落なインスタグラムの楽しみ方ではないでしょうか。

## ● その他のインスタグラム利用時の望ましくない事例

そのほかにも次のような望ましくない事例があります。

・レコードショップやファッションショップに入店し、商品の撮影だけして帰る。
・美術館の展示品を撮影しようとして無理なポーズを取った結果、体勢を崩して展示品の棚を倒してしまった。その結果、ドミノ倒しのようになり、いくつもの棚が倒れて展示品が壊れ、総額数千万円以上の被害が出た。
・家具の大型量販店で、ショッピングカートに乗っている様子を撮影。
・ブランド品を買って、撮影してすぐに転売。
・一人でお洒落なカフェに行き、食事を二人分注文して撮影（誰かと一緒に来ていると思わせるため）、食事を残して帰る。

### More SNSの撮影でも、ルール違反やマナー違反に気を付ける

インスタグラムをはじめ、ほとんどのSNSでは静止画だけでなく、動画の撮影や共有ができます。その際、「ウケる動画や面白い動画、友人を驚かせるような動画を撮影しよう」と考え過ぎると、インスタ映えを気にし過ぎるのと同様、ルール違反やマナー違反を起こすことになります。

動画撮影時においても、夢中になって周りが見えなくなると、迷惑行為に繋がったり、危険な目に遭ったりします。常に周囲に気を配りながら、適切な行動を心がけましょう。

### More 一定時間で消える投稿でも節度は必要！

インスタグラムには「ストーリー機能」と呼ばれる、一定時間経過後に自動削除されてしまう動画投稿機能があります。

「どうせすぐに消えてしまうのだから、いつもよりインパクトのある動画をアップしても大丈夫だろう」などと考えていませんか？

ストーリー機能で投稿した動画も、閲覧するユーザーはスクリーンショットを保存することは可能です。そのため、あなたがルール違反やマナー違反などを犯した動画を投稿すると、その様子が半永久的に拡散する可能性があります。

そもそも、「一定時間で消えるから」などと考えること自体が間違っています。他人に迷惑をかけたり、不快な気持ちにさせたりすることは、どんな場合でも不適切です。そのことをしっかり意識して、ネットやSNSと向き合うようにしましょう。

情報化社会の モラルとセキュリティ

個人情報の 適切な取り扱い

デジタル時代の 著作権

ネット社会に潜む 危険と対策

メールによる コミュニケーション

Webによる コミュニケーション

モバイル機器の 活用と管理

## Step7　SNS上で友人と上手に付き合うためには？

LINEのグループ機能やFacebookのメッセージ機能などは、友人間のコミュニケーションを楽しく便利にしてくれるツールです。しかし、その一方で、そうしたツールが原因となって友人間のトラブルが発生することもあるようです。

**事例**

中山さんは東京にある女子大学の1年生。地方から一人で出てきたため、入学当初は知り合いが一人もいませんでしたが、たまたま席の近くだった数人の学生とお茶を飲みにいき、すぐに打ち解けることができました。

その日のうちに中山さん達はLINEでグループを作り、「選択科目は何を選ぶか」「サークルはどうするか」といった情報を交換するなど、すぐにメンバーにとってLINEのグループはなくてはならないものになりました。

数か月後、アルバイトやサークル活動、前期試験の準備などで中山さんはとても忙しくなりました。

グループのメンバーからは相変わらず毎日様々なメッセージが入ってきますが、中山さんはメッセージに目は通すものの、なかなか返信できないことが続きました。

そんなある日、グループのメンバーの鈴木さんとバッタリ出会い、久しぶりに話をしていると、中山さんのことを、グループのほかのメンバーが悪く言っているというのです。

嫌われるようなことをした覚えのない中山さんは、とても驚きました。鈴木さんに尋ねると「LINEのメッセージを読んでも返信しない。既読スルーばかりして感じが悪い。」と言っているとのことでした。

確かに、最近忙しくてあまりLINEで返信したりメッセージを発信したりできていません。しかし、中山さんにしてみれば、グループのメンバーのことを軽んじていたわけではなく、学業とバイトに時間がとられているので、LINEでのやり取りに気が回らなかっただけなのです。

中山さんはいったいどうしたらよいのか、考え込んでしまいました。

# Let's Try ためしてみよう

友人同士のメッセージのやり取りについて書かれた次の文章を読んで、正しいものには○、正しくないものには×を付けましょう。

①友人同士の信頼関係を崩さないために、相手からのメッセージにはできるだけ早く返信すべきである。

②友人間のメッセージ機能の利用にはトラブルが多いので、本当に親しい友人とはメッセージ機能を利用しないようにする。

③メッセージ機能の利用においては、お互いがそれぞれのペースで使えるよう、配慮しながら使っていくとトラブルが起こりにくい。

## 🎓 SNSに振り回されず、節度を持った使い方をしよう！

LINEでは、メッセージが読まれると「既読」マークが表示されます。既読されたのに返信がこない状態は「既読スルー」と呼ばれています。

### ● 既読スルーは厳禁か？

たしかに、一部のユーザーの中には「メッセージを送ったのに返信しないなんて失礼だ」と考える人もいるでしょう。

しかし、よく考えてみましょう。LINEのグループ機能は、強制されて使うものではなく、気の合う仲間や友人同士がコミュニケーションを楽しむために使っているはずです。

「メッセージを受け取ったら、返信するのが礼儀だ」という考えは正しいかもしれません。しかし、事例の中山さんのケースのように、メッセージを受け取った状況次第では、すぐに返信できないこともあるでしょう。ひとりひとり置かれている立場が異なるのに、「メッセージをもらったら、すぐに返信をしなければならない」と半ば強迫観念のように思い込んで利用するLINEのグループ機能は、もはや「楽しく便利にコミュニケーションを取りたい」というグループを作った当初の目的とは大きく異なっているのではないでしょうか。

### ● グループで意識を統一しよう

この事例の後日談です。

中山さんたちのグループでは、誰もが「せっかく友だちになったんだし、メッセージをもらったらすぐに返信しなきゃ」と思い、無理をしてでもすぐに返信するようにしていたことがわかりました。友人関係を円滑にするためのLINEなのに、それに振り回されて疲れたり、友人関係にヒビが入ったりしては本末転倒だという結論にたどり着きました。そして、これからも便利で楽しく使っていくために、「自分のペースでメッセージのやり取りをする使い方を基本にしよう」という方針になりました。

あなたが、もしLINEの使い方に振り回されているようであれば、中山さん達の話し合いの結論を参考にしてみてはいかがでしょうか。

---

**More** ソーシャル疲れを感じたら…

事例の「既読スルー」などに振り回されて、LINEの利用に疲れてしまうことを「LINE疲れ」と呼ぶことがあります。

これはLINEに限ったことではなく、ソーシャルメディア全般にみられる現象といえます。

これら「ソーシャル疲れ」には、「既読スルー」のようにコミュニケーション上のトラブルのほか、ソーシャルメディアの利用過多が原因の場合もあります。

もし、あなたがソーシャルメディアの利用に疲れを感じたら、これまでのソーシャルメディアとの向き合い方を、一歩引いた立場から考え直すよいチャンスかもしれません。

**More** SNS上で友達の誕生日のお知らせが流れてきたら…

SNSには、友達同士のコミュニケーションを活性化させるために、「今日は●●さんのお誕生日です」のようなメッセージをシステムが自動発信する機能があります。

このようなメッセージを見たユーザーの一部には、「その友達は、もしかして誕生日の日付をSNSなどのログインパスワードに使っているのではないか」と推測し、悪ふざけのつもりで「友達のメールアドレスをID、誕生日の日付をパスワード」としてSNSへのログインを試しているケースもあるようです。

その結果、実際にログインができてしまったケースも発生しています。これは「不正アクセス禁止法」に触れる立派な犯罪です。

友人間の悪ふざけのつもりかもしれませんが、ログインできた、できないに関わらず、そのような行為は慎みましょう。

また、誕生日の通知機能などは、悪意を持つ者にとっては「パスワードを類推するヒント」のように見えてしまうので、誕生日の通知機能をオフにすることを検討することもよいでしょう。

情報化社会のモラルとセキュリティ

個人情報の適切な取り扱い

デジタル時代の著作権

ネット社会に潜む危険と対策

メールによるコミュニケーション

Webによるコミュニケーション

モバイル機器の活用と管理

## Step8 SNSのデマ投稿には、どんなリスクがある？

FacebookやTwitterなどのSNSには、投稿を拡散するためのシェアやリツイートといった機能があります。この機能自体は便利ですが、どんな投稿でも拡散して問題ないのでしょうか。一緒に考えてみましょう。

**事例**

富士さんは、様々なWebサイトやSNSで、ニュース記事をチェックするのが日課です。ある日、「あおり運転の末、暴行を加えた男を逮捕」という記事を見かけました。内容を読むと、加害者は非常に悪質な行為をしたことがわかりました。

「これはひどい！」と感じた富士さんは、この事件について、いろいろと調べてみました。ニュース記事によると、加害者の車には同乗者がおり、自分たちの車から暴行に使う工具を持ってきて加害者に渡したり、暴行がエスカレートするよう、そそのかしたりしていたそうです。その様子が、被害者の車のドライブレコーダーに映っていました。しかし、その時点では、加害者の氏名は公表されているものの、同乗者については公表されていませんでした。

そのうち、「あおり運転事件、同乗者を特定！」というTwitterの投稿が数多くリツイートされ、富士さんの目にも留まりました。そのリツイートの内容をよく読んでみると、「Twitter上で〇〇と加害者は繋がりがある」「〇〇がTwitterにアップしている写真がドライブレコーダーに映っていた人物と髪形や体型が似ている」などと書かれていました。さらに、内容を裏付ける画像も掲載されており、確かに同じ人物のように感じられます。この内容を読んだ富士さんは、「同乗者は〇〇に間違いないな」と考え、さらに拡散させようと、リツイートしました。

数日後、新聞社のニュースサイトで、同乗者も逮捕されたことが記事になっており、氏名も公表されていました。しかし、それは〇〇さんとは全く別の人物でした。

富士さんは「『同乗者は〇〇さん』というのは間違いだったのか。でも、信ぴょう性の高い情報だったし、自分以外にも多くの人が拡散していたから、問題ないだろう」と軽く考えていました。しかし数日後、富士さんはTwitterに届いたダイレクトメッセージを見て驚きました。そこには、〇〇さんの代理人を名乗る弁護士から、損害賠償請求を行う旨が書かれていたのです。

**用語** ••••••••••••••••••••••••••••••••••••••••••••••••••••••••••

**ダイレクトメッセージ**
一般に公開される投稿ではなく、特定のユーザーと非公開でメッセージ交換ができる機能。

## Let's Try　ためしてみよう

事例の富士さんは、軽い気持ちでリツイートして情報を拡散させた結果、大変な事態を引き起こしてしまいました。ソーシャルメディアの活用について書かれた次の文章を読んで、正しいものには○、正しくないものには×を付けましょう。

①Twitterの投稿をリツイートする場合には、内容をよく読み、確実に問題ないものだけにする。

②真実であっても、他人を不愉快にするような投稿は、拡散しない。

③Twitterではニックネームを使っていれば、弁護士であっても本名や住所を知ることはできない。

## 🎓 デマ投稿を拡散しないように気を付けよう

FacebookのシェアやTwitterのリツイートなどは便利な機能である一方、使い方を誤ると深刻な問題を引き起こしてしまいます。

事例の富士さんは、「悪質な事件の共犯者だから、多くの人に知って欲しい」という正義感もあってリツイートしたのでしょう。

しかし、共犯者が特定されたとする投稿はデマであり、結果的に、富士さんはデマ拡散に協力してしまったのです。

もちろん、富士さんは、デマを拡散させるつもりは少しもなかったでしょうし、富士さんにしてみれば「自分もデマ投稿に騙された」と感じているかもしれません。

しかし、共犯者と誤解された人物にとっては、デマ拡散により、多くのネットユーザーから非難する投稿や嫌がらせ、中傷などが相次ぎ、日常生活にも支障が出るほどの影響があったはずです。この人物から見れば、富士さんも「デマ拡散の共犯者」すなわち加害者なのです。

富士さんの行為は「悪気はなかった」で済まされる問題ではありません。どんな些細な内容であっても、慎重過ぎるぐらいに確認してからリツイートすることが重要です。

### ●リツイートするだけで罪に問われる

デマの内容をTwitterでリツイートした人物が被害者から名誉棄損で訴えられ、その結果、損害賠償の支払いを命じられた判決が、実際に出されています。

リツイートなどの拡散機能は、スマホで一度タップするだけで簡単に行えますが、内容によっては明確な犯罪行為になります。軽い気持ちで拡散させることは絶対にやめましょう。

### ●ネットに匿名はない

SNSを匿名で利用し、住所などを一切明かさない場合でも、利用するPCやスマートフォンのIPアドレスは、インターネット接続業者（プロバイダ）に履歴として残ります。

そのため、不適切な投稿をした場合、相手方や警察がしかるべき手続きを踏むことによりプロバイダがIP情報を開示し、ユーザーを特定することができます。

**More　SNSによるデマ投稿の拡散　その他の事例**

・地震発生直後の地域で、街にライオンが立っている画像と「地震の影響で動物園からライオンが逃げたので注意してください」という投稿が拡散し、動物園や役所、警察の職員が対応に追われた。投稿した男は、偽計業務妨害で逮捕された。

・「人が刺されて、犯人が逃走した」とするフェイク動画を拡散させたとして、投稿者のグループが軽犯罪法違反（虚偽申告）の疑いで書類送検された。

**More　リツイート文化とネタ文化**

Twitterは最も情報が拡散しやすいSNSと言われています。

Twitterには、ユーザーが気軽にリツイートする「リツイート文化」があります。

また、Twitterは多くの若年層のユーザーが趣味的に使うこともあり、冗談や緩い投稿が好まれる「ネタ文化」と呼ばれる風潮もあります。

このようなTwitterの利用文化が、デマ拡散を容易に発生させるのだと考えられています。

Twitterの文化を楽しむ大前提として、間違えた使い方をしないよう、常に意識しておくことが重要です。

情報化社会の　モラルとセキュリティ

個人情報の　適切な取り扱い

デジタル時代の　著作権

ネット社会に潜む　危険と対策

メールによる　コミュニケーション

Webによる　コミュニケーション

モバイル機器の　活用と管理

## Step9　出会い系サイトには、どんなリスクがある？

インターネット上には男女の出会いを提供する「出会い系サイト」が多くあります。最近では、そうしたサイトを利用した「パパ活」などで、カジュアルにお小遣いを稼げる、と考えている人もいるようです。

しかし、そうした行為に危険はないのでしょうか。一緒に考えてみましょう。

**事例**

中山さんは、アルバイトで生活費を稼ぎながら、勉強に一生懸命励んでいました。ある日、中山さんの所属するゼミの有志で視察旅行に行く話が持ち上がりましたが、お金に余裕のない中山さんは、視察旅行の幹事に参加できないと伝えました。すると、幹事に「パパ活をすれば旅費ぐらいすぐに稼げるよ」と言われました。パパ活では、金銭に余裕のある男性と知り合い、一緒に食事をして話し相手になるだけで、危険なこともなく、割の良い金額が稼げるのだとか。パパ活に興味を持った中山さんは、紹介された出会い系サイトに登録し、プロフィールや写真が好印象な男性と知り合いました。相手とはすぐにチャットで意気投合し、一緒にイタリア料理を食べに行く約束をしました。

当日、イタリア料理のお店で会った男性は、とても紳士的で、話も面白く、ワインを勧められたこともあり、中山さんはとても楽しい気分になりました。食事も終わる頃、男性のペットの話になり、可愛い小型犬の写真を見せてもらいました。

「今日、僕はお酒を飲んでないし、車で来ているから送ってあげるよ。その前に、うちに犬を見に来ない？　少しだけ犬と遊んだら、自宅まで送るから」と言われました。中山さんは「少しだけならいいかな」と思い、そうすることにしました。男性の車に乗った中山さんは、しばらくすると寝てしまいました。どれぐらい時間が経ったでしょうか。男性に強く腕を揺すられ、目を覚ますと、あたりは真っ暗で人気もない場所です。酔いもさめ、急に怖くなった中山さんが「やっぱり今日は帰ります」と言うと、急に男性は激しい口調で「ここまで来て、何言ってんだよ」と中山さんを責めはじめました。中山さんは、無我夢中で車から逃げ出し、真っ暗な道を走り続けました。結局、パパ活のお金も貰えませんでした。

出会い系サイトやパパ活などについて書かれた次の文章を読んで、正しいものには○、正しくないものには×を付けましょう。

① 「サイト内での個人情報の交換はできないようになっています」と書かれている出会い系サイトは安心なので、利用しても問題ない。

② 出会い系サイト以外のSNSであれば、見知らぬ人と食事に行っても問題ない。

③ パパ活をしている親友から、「私がパパ活している男性を紹介するよ」と言われたが、安全を考えて断った。

## 🎓 出会い系サイトやパパ活などの罠にはまらないようにしよう！

現在、出会い系サイトを使った「パパ活」という活動が社会的に知られるようになりました。

以前からある「援助交際」は、金銭の授受を介して男女が密室で過ごすことから問題視され、大きなリスクもあることが広く知られています。

それに対し、「パパ活」はレストランなど公衆の場所で一緒に食事をするだけで、金銭的に余裕のある男性から若い女性に報酬が支払われるとされています。その結果、「パパ活」は危険性がなく、また後ろめたいところもない、カジュアルなお小遣い稼ぎと考えている人も多いようです。しかし、それは非常に浅はかで危険な考え方です。

「パパ活は安全でカジュアルなお小遣い稼ぎ」というイメージこそが、最も危険な罠なのです。あなたがそのつもりでも、金銭を支払う側がどのように考えているかはわかりません。

「若い女性を騙して、自分の欲望を満たしてやろう」など、悪い考えを持つ人は必ずいます。事実、出会い系サイトやパパ活に関連した被害が数多く発生しています。「出会い系サイトやパパ活には、どのような危険性があるか」をしっかり認識し、決して近づかないようにしましょう。

### ●出会い系サイトの利用が危険な理由

・「食事だけ」といいつつ、隙を見て「あなたを騙して密室で二人きりになろう」と考えるような悪意を持つ人と知り合う可能性がある

・最初はお互いに食事だけのつもりでも、時間の経過とともに、相手があなたに執着するようになり、あなたが拒絶するとストーカーやリベンジポルノに発展するような可能性がある

・相手の本当の目的が「出会い」ではなく、宗教やマルチ商法の勧誘などの可能性がある

・あなたが目を離した隙に財布やバッグを盗まれたり、睡眠薬を飲まされて金品を奪われたり（昏睡強盗）するような可能性がある

・出会い系サイトに登録するだけで、あなたの個人情報が流出する可能性がある

・相手が既婚者だった場合、相手の配偶者から不貞行為・不法行為で訴えられる可能性がある

**More** ママ活にも注意

パパ活とは逆に、主に若い男性が、中高年の女性などと一緒に食事をして、その見返りに金品をもらう「ママ活」と呼ばれる行為もあります。

パパ活と違い、ママ活の場合は「見知らぬ相手といっても女性だから、危険な目に遭うことはないだろう」と考えるかもしれませんが、そんなことはありません。

例えば、相手が既婚者だった場合、あなたが相手と親密になったことを知った相手の配偶者が、あなたのことを不貞行為で訴えるかもしれません。

また、相手の女性が悪意を持ち、詐欺や盗難を働くこともあるでしょう。

このように、「相手が女性だから、ママ活の方が安心」といった認識を持っているとしたら、大変危険なことです。くれぐれも、見知らぬ人との不要な出会いは避けるようにしましょう。

**More** トラブルに遭遇したら

出会い系サイトやパパ活・ママ活などには、その危険性を意識して、決して関係しないことが重要です。

しかし、万が一、トラブルになった場合は、まず家族など、身近にいる信頼できる人に相談しましょう。

ただし、深刻かつ緊急の場合は、警察に相談に行くなど、状況に応じて対応しましょう。

ネット上のトラブルについては、次の窓口でも相談を受け付けています。

●都道府県警察本部のサイバー犯罪相談窓口等（一覧）
https://www.npa.go.jp/cyber/soudan.htm

情報化社会のモラルとセキュリティ

個人情報の適切な取り扱い

デジタル時代の著作権

ネット社会に潜む危険と対策

メールによるコミュニケーション

Webによるコミュニケーション

モバイル機器の活用と管理

# Step10 クラウドを使いこなすメリットは?

「クラウド」という言葉を聞いたことがあるでしょうか。現在、ネットには様々なデータを保管できるサービスがあり、ネットにさえつながっていれば、パソコンやモバイル機器などのツールを問わずにそれらを編集・閲覧したり、友人とファイルを共有したりすることができます。それでは、実際の使い方の事例を見てみましょう。

## 事例

富士さんはゼミの仲間の山田さんと共同で、ゼミの発表をすることになりました。富士さんは自分の担当するパートの資料を自宅のパソコンで完成させ、山田さんとファイル共有しています。ファイル共有用のクラウドサービスは数多くありますが、欲しい機能があるかなど複数比較してOneDriveを選択し、共有の範囲を富士さんと山田さんの2人にして使っています。共有といっても、富士さんは自分のパソコンの中にファイルを保存する感覚で、自動的にネットワーク上のファイルと同期を取ってくれるので大変便利です。

さて、発表の当日、学校に行って、タブレットから2人の発表資料のデータを見ると、一部の用語の使い方が統一できていなかったので、その場で修正しました。いよいよゼミの時間が始まり、タブレットをプロジェクターにつないで無事に発表を終えました。

富士さんと山田さんのスマートな共同作業のやり方も、ゼミのほかのメンバーから一目置かれたようで、2人は大満足です。

## 用語

**オンラインストレージサービス**
インターネットに接続して、接続先のサーバに利用者専用のデータ保管領域を提供するサービス。

**同期**
複数の場所にあるデータが、どちらも常に同じ状態にあるよう保つこと。

**版数の管理**
あるデータの修正を繰り返す場合、そのデータにどのような変更を行ったのか、変更の履歴を管理すること。

## ためしてみよう

富士さんと山田さんのクラウドサービスの利用方法について書かれた次の文章を読んで、正しいものには○、正しくないものには×を付けましょう。

①富士さんと山田さんはクラウドサービスを選ぶにあたり、ほとんどが有料のものなので、コストとの兼ね合いを考えながらサービスを選択した。

②富士さんと山田さんはクラウドサービスの共有範囲を2人だけにしていたが、共有範囲が広いほど多くの人とデータを共有できるので、できるだけ共有範囲を広げた方がよい。

③便利なクラウドサービスも、いつかサービスが終わってしまう可能性もあり、バックアップを取っておくことが必要である。

 ## いつでもどこでも閲覧や修正、共有ができて便利！

事例のように、クラウドサービスは大変便利に利用することができます。それでは、その特徴と留意事項について見ていきましょう。

### ●クラウドサービスの特徴

クラウドとは、直訳すれば「雲」のことであり、「クラウドコンピューティング」の略です。この技術を利用したサービスに、オンラインストレージサービス（データ保管サービス）があります。

自分で作成したデータを利用している端末の中でなく、インターネット上のオンラインストレージサービスに保存することで、パソコン、タブレット、スマホなど、複数の機器でいつでもどこでも閲覧、編集、保存ができるようになります。

また、複数のユーザーで利用する場合には、皆で1つのデータを共有したり、交互に編集を行ったりといった共同作業ができます。

オンラインストレージサービスには、ただ単に保管するだけでなく、各個人の端末の中のデータと自動的に同期をとったり、版数の管理をしたりするものもあり、一層便利に使うことができます。

### ●オンラインストレージサービス利用にあたっての留意事項

前述の共有機能は便利な機能ですが、便利さと個人情報流出の危険性は表裏一体です。

まずはアカウント管理。データがインターネット上にあるわけですから、アカウントが漏れてしまうとデータが漏えいしてしまいます。

また、共有範囲は必ず必要最小限にし、共同作業が終わったら友人からの閲覧を不可にするなど、必要に応じて逐次見直すことが大切です。これらはオンラインストレージサービスに限らず留意すべきデータ漏えい対策ともいえます。

また、オンラインストレージサービスはサービス自体が終了してしまうことも考えられますので、データのバックアップなども忘れないようにしましょう。ただし、機器との自動的な同期が行われるサービスでは、バックアップの手間が省けます。

---

**More** 代表的なクラウドサービス

各社から様々なクラウドサービスが提供されています。

**Box**
多くの法人で使われているクラウドストレージサービスです。「セキュリティの高さ」と「アクセス権限設定の柔軟さ」が特長であり、その点が多くの企業に支持されています。

**Dropbox**
パソコンやスマホなど、複数の端末からファイルを共有・同期できるオンラインストレージサービスです。

**Evernote**
テキスト、画像、Webページなどを自由に保存できるスクラップブックのようなサービスです。パソコンのブラウザで利用したり、タブレットやスマホに専用アプリを入れて利用したりすることもできます。

**Google ドライブ**
Googleが提供するオンラインストレージサービスです。パソコン内のファイルとネット上のファイルを完全に同期させることができます。ブラウザを利用したファイルの作成、編集も可能です。

**iCloud**
Apple社が提供するクラウドサービスです。基本的にはオンラインストレージサービスですが、「失くしたiPhoneを探す」など、ストレージ以外のサービスも含まれています。また、Apple製品だけでなく、Windowsからも利用できます（Androidでは一部利用可）。

**OneDrive**
Microsoft社が提供する無料のオンラインストレージサービスです。
Microsoftアカウントを取得すると誰でも利用できます。モバイル機器やパソコンなどどのデバイスからでも利用できます。OneDriveにファイルを保存しておくと、USBメモリで持ち歩いたり、メールで自宅に送ったりする必要もなくなります。

情報化社会のモラルとセキュリティ

個人情報の適切な取り扱い

デジタル時代の著作権

ネット社会に潜む危険と対策

メールによるコミュニケーション

Webによるコミュニケーション

モバイル機器の活用と管理

### Step1

① **解答** ○
**解説** 情報を発信した本人に真偽を確認するのは、信ぴょう性を確認するための有効な手段です。

② **解答** ○
**解説** 複数の情報発信源（メディア）を確認することは、信ぴょう性を確認するための有効な手段です。

③ **解答** ✕
**解説** 大手マスコミ以外のWebサイトが全く信頼できないというわけではありません。また、大手マスコミは比較的信頼性は高いものの、必ず事実を記載しているとは限りません。

### Step2

① **解答** ○
**解説** ボランティアや勉強の内容、サークルの活動など、積極的に取り組んでいる活動を投稿するのは、自分自身の人物を伝える内容として適しています。

② **解答** ○
**解説** 学生や社会人として、他人から見られて恥ずかしくない投稿を心がけましょう。

③ **解答** ○
**解説** 友人以外にも、目上の方や先輩などにも見られる可能性はありますので、誰が読んでも不快に感じない言葉遣いを心がけましょう。

### Step3

① **解答** ○
**解説** 携帯電話や固定電話の回線が通話規制されていても、インターネット上のサービスであるTwitterやSNSなどは利用できることがあります。

② **解答** ✕
**解説** 正しい情報以外に間違いやデマなどが流されていることがあり、それを転送すると混乱を拡大させることになるので、まずは情報の信ぴょう性をできる限り確認することが必要です。

③ **解答** ✕
**解説** Twitterでも政府や自治体、大手マスメディアなどの公式アカウントがあり、そこから公式情報を入手することもできます。

### Step4

① **解答** ✕
**解説** あなたが困ることについては、その旨を相手にきちんと伝えて話し合うことが大切です。お互いに相手のことを思って行動できることが本当の信頼関係です。

② **解答** ○
**解説** 本文で説明したように、LINEのなりすまし詐欺が多発したこともあります。相手のメッセージに違和感を覚えたら、本人に確認することが大切です。

③ **解答** ✕
**解説** 悪意を持つ者がなりすましているケースや、相手が間違いなく本人でも問題のあるファイルやURLと知らずに転送してくるケースもあります。

### Step5

① **解答** ○
**解説** TwitterなどのSNSの投稿は世界中のユーザーから見える状態であることを意識すべきです。

② **解答** ✕
**解説** Twitter社は、実名を問い合わせても回答しません。しかし、匿名の情報発信であっても、それを不愉快と思うユーザーによって、ブログやTwitterなどの過去情報を洗いざらい調べ上げられ、実名や個人情報をさらされるという事件が発生しています。

③ **解答** ○
**解説** きちんとした対応をすることが、炎上を最低限に抑える唯一の方法です。

### Step6

① **解答** ✕
**解説** 「立入禁止」と書かれている場所への侵入はルール違反です。どんなに気を付けても入ってはいけません。

② **解答** ○
**解説** 自分で購入した商品を自宅で撮影することは問題ありません。なお、撮影したあとは、美味しくいただくのがマナーです。

③ **解答** ✕
**解説** いくらお金を払うとはいえ、残すことを前提で大量の食品を注文することはマナー違反にあたります。

### Step7

① **解答** ✕
**解説** 常に急いで返信をしようとすると、生活に支障が出たりコミュニケーションが重荷になったりすることがあるので、自分のペースで返信することを、あらかじめ相手に説明しておくとよいでしょう。

② **解答** ✕
**解説** 本当に親しい相手であれば、メッセージ機能の使い方を相手ときちんと話し合ってから利用するとよいでしょう。

③ **解答** ○
**解説** メッセージ機能に振り回されてしまうと、本来楽しいはずのコミュニケーションが重荷になる可能性があるので、お互いに配慮が必要です。

### Step8

① **解答** ○
**解説** どんなに興味深い投稿であっても、むやみにリツイートすることは厳禁です。真実であることを確信できないものは拡散させないようにしましょう。

② **解答** ○
**解説** たとえ真実であっても、立場が違えば不愉快に感じる投稿は拡散させないようにしましょう。

③ **解答** ✕
**解説** しかるべき手続きを踏めば、IPアドレスから接続者の住所氏名などを知ることができます。

### Step9

① **解答** ✕
**解説** たとえサイト内で個人情報の交換ができなくても、実際に相手と会うことになれば、どのような危険に遭うかわかりません。

② **解答** ✕
**解説** 一般的なSNSの中にも、悪意を持った人が存在します。見知らぬ人との不要な出会いは避けるべきです。

③ **解答** ✕
**解説** どのようなパパ活にも様々な危険性が隠れています。

### Step10

① **解答** ✕
**解説** クラウドサービスは無料で提供されているものが多くあります。

② **解答** ✕
**解説** データの流出などを避けるため、共有範囲は必要な範囲までにしておきましょう。

③ **解答** ○
**解説** クラウドサービスでもバックアップを取っておくことは大切です。ただし、パソコンなどの端末と自動的に同期を取ってくれるサービスもありますので、その場合はこの限りではありません。

# ■第7章■

## モバイル機器の活用と管理

## Step1 モバイルカメラでルール違反を犯していないか？

ケータイやスマホに付いているカメラ機能はいつでもどこでも便利に使えます。
ですが、ルールやマナーを犯すような使い方をしてはいませんか。
次の事例を見て、一緒に考えてみましょう。

### 事例1

山田さんは書店で雑誌を立ち読みしていたところ、前から欲しいと思っていたブランドのバックが懸賞で当たることを知りました。
応募要項を見たところ、特に雑誌を買わなくてもハガキで応募できるようです。
そこで、送り先の住所をスマホのカメラで撮影しようとしたところ、書店の店主にその場を見つかり、注意されました。

### 事例2

富士さんは先輩の斉藤さんから「風邪で休むので、明日の授業をデジタルカメラの動画撮影機能で録画してくれないか」と頼まれました。
翌日、授業の様子をデジタルカメラで撮影していたところ、横の席に座っていた人に「先生に許可は取っているの？」と聞かれてしまいました。

### 用語

**ICレコーダー**
半導体に音声を録音できる機器。

**航空法**
航空機の安全な航行を行うために定められた法律。

**バーコードリーダー**
バーコードを読み取るための機器や機能。

**QRコード**
モバイルカメラで読み取るタイプの2次元バーコード。一般のバーコードは横方向に読み取るだけの1次元のコードだが、QRコードは縦横（面）で読み取る2次元のコードである。

**ストリーミング**
インターネット上の動画をダウンロードしながら同時に再生する方式。

情報化社会のモラルとセキュリティ

個人情報の適切な取り扱い

デジタル時代の著作権

ネット社会に潜む危険と対策

メールによるコミュニケーション

Webによるコミュニケーション

モバイル機器の活用と管理

## Let's Try　ためしてみよう

モバイル機器のカメラの利用について書かれた次の文章を読んで、正しいものには○、正しくないものには×を付けましょう。

①書店で本の中身を撮影する「デジタル万引き」は窃盗罪として罰せられる。

②授業の講義の様子を撮影することは著作権の侵害にあたり、絶対にしてはならない。

③講義の音声を録音するだけであれば、誰の許可も必要ない。

## 🎓 ルールやマナーを守って正しく使おう！

カメラでの撮影・録画は、私的利用のためであれば原則として著作権侵害には当たりませんが、それでもルールやマナーを守らなければなりません。どのようなルールやマナーがあるのか、一緒に確認しましょう。

### ●デジタル万引きはなぜいけないのか？

「デジタル万引き」とは、書店などで商品の本の中身を撮影することです。このことは、私的利用のための複製と考えれば、著作権の侵害には当たりませんし、また、「万引き」という言葉が持つ「窃盗罪」に当たるわけではありません。

それでは、何が問題かというと、「書店におけるルールやマナーを守っていない」ということです。一般的な書店では店内での撮影を禁止しています。それは「情報を無料で入手すると、本を買わなくなる」ということが理由と考えられますが、書店に入る以上、そのお店のルールは守る必要があるのです。ルールを守らない人は「出て行ってください」と店主にいわれたら従うしかありません。書店に限らず店内の撮影を禁じているお店は多いので、そういったルールやマナーを守ることが大切です。

### ●講義の録画はなぜいけないのか？

授業中の講義の録画も、私的利用のためであれば著作権に触れるものではありません。しかし、授業中は学校のルールや講師の指導に従う必要があります。

もし「すべての講義は録画可能」と決められている学校だったり、「自分の講義は自由に撮影してください」と明言している講師の授業だったりすれば、撮影しても構いません（もちろん、用途は私的利用に限られます）。上記以外の場合は、あらかじめ了承をもらった場合のみ録画することができます。これは講義に限ったことではなく、板書の撮影・録画、ICレコーダーによる音声の録音も同じです。

また、撮影の音や機器の設置が周囲の邪魔にならないよう配慮することも重要です。

**More　機内・電車内・自動車内のスマホやケータイの利用**

飛行機の中での利用は、航空法により制限されています。また、自動車運転中の操作は、道路交通法により禁止されています。電車内での利用は法律による禁止事項はありませんが、一般的に、「音の出ないマナーモードにし、通話は禁止」「優先席付近では電源をオフにする」などのマナーが各鉄道会社から呼びかけられています。もちろんこういったマナーを守りましょう。

**More　写真を撮るだけではないカメラの利用**

モバイルカメラの利用は写真撮影だけではありません。

「バーコードリーダー」としてQRコードを読み取り、Webサイトを表示させたり情報を入手したりできます。また、「名刺リーダー」の機能を持つものもありますし、Webカメラのように、動画を撮影してストリーミング放送を行うことも可能です。

**More　映画の盗撮の防止に関する法律**

著作権では「私的使用を目的とした著作物の複製は可」という規定がありますが、2007年に施行されたこの法律により、たとえ私的利用のためであっても、映画館における映画の撮影は盗撮として刑事罰の対象になります。

# Step2 モバイルならではのアプリを上手に活用するには?

ケータイやスマホには様々な付加機能があり、いつでもどこでも便利に使えますよね。もう手放せないと思っている人も多いかもしれません。ですが、一歩使い方を間違えるとトラブルに巻き込まれたり、友人に迷惑をかけたりすることもありそうです。

次の事例を見て、モバイル機器の活用と注意点について、一緒に考えてみましょう。

**事例**

富士さんは、ある金曜日、サークルの飲み会に参加する予定でしたが、その直前にゼミの飲み会が決まり、そちらに行くことにしました。

サークルの飲み会の幹事の鈴木さんには、「ちょっと親の体調が悪くて…」とサークルの飲み会を断り、ゼミの飲み会に参加しました。

ゼミの飲み会では、富士さんは先輩の斉藤さんと席が隣になり、スマホの話題で意気投合しました。

例えば、「アプリのマーケットでの有益なソフトの探し方」や「電子書籍リーダーでは、ズバリどれがオススメか」など、本当に興味深い内容ばかりで富士さんは大満足でした。飲み会の最後には富士さんと斉藤さんが一緒に写真を撮影するなど、大変盛り上がりました。

斉藤さんも大いに楽しみ、そのときに飲み会の会場の情報と、富士さんと撮影した画像をSNSに投稿しました。しかし、斉藤さんは鈴木さんともSNS上でつながっており、鈴木さんはその画像を見て、富士さんが嘘をついていたことを知ったのでした。

**用語**

**チェックイン**
ソーシャルメディアでつながっている友人などに、現在地を知らせる機能。

**電子書籍リーダー**
電子書籍を読むためのアプリ。

**電子マネー**
お金の価値をデジタルデータに変換し、支払・決済などが行える手段のこと。

**スパム行為**
悪意のある行為や、営業目的のための行為のうち、ほかの人に迷惑をかけるもの。

**マーケット**
有料・無料のアプリが流通し、入手できるサイト。

## Let's Try　ためしてみよう

モバイル機器の活用方法について書かれた次の文章を読んで、正しいものには○、正しくないものには×を付けましょう。

① 斉藤さんはチェックイン機能を利用して富士さんと一緒に居ることを投稿したが、その前に、富士さんに投稿してよいかどうか確認すべきだった。

② 富士さんは、斉藤さんからPDFファイルも読める電子書籍リーダーを教えてもらい、自炊した書籍を読んでいるが、そのファイルを他人にコピーして渡してはならない。

③ 富士さんや斉藤さんが利用している「アプリのマーケット」とは、スマホのアプリを入手できるところのことで、審査制度があるので、登録されているアプリはすべて安全である。

## 🎓 チェックイン機能や著作権の扱いに注意しよう！

事例では、SNSのチェックイン機能を使うことにより発生したトラブルを紹介しました。そのほかにも様々にあるアプリを安全に使いこなすためにはどのようなことに気を付けるべきか、確認しましょう。

### ●どのようなアプリが入っているのか？

ケータイやスマホには、SNSやTwitterなどソーシャルメディアにアクセスする機能をはじめ、電子書籍リーダーや音楽再生機能、画像加工機能など、多くの機能が入っています。また、機種にもよりますが、クレジットカードや定期券、電子マネーとして使えるものもあります。
一般的にケータイの機能に比べ、スマホの方が多数のアプリが提供されているので高機能です。また、スマホは自分の好きなアプリをマーケットからダウンロードして楽しめます。その意味では使い方は無制限といえるかもしれません。これらを適切に使いこなすことができれば、本当に様々な便益を感じることができるでしょう。

### ●SNSのチェックイン機能に注意！

SNSのチェックイン機能は、使い方に注意しないと、事例のように思わぬトラブルに発展することがあります。また、旅行など家を空ける際に、旅行先の場所を明らかにして投稿をすることは、自宅が不在であることをアピールすることになり危険です。
また、SNSの機能を利用したアプリの中には、利用者に意識させずに、つながっているほかのユーザーの情報を収集したり、勝手にリクエストメッセージを送ったりといったスパム行為をするものもあるので、注意しましょう。

### ●著作権に注意！

電子書籍リーダー、音楽再生、画像加工なども大変便利に使えますが、いずれも購入したり入手したりしたものには著作権者がいます。そのため、自分で私的に楽しむことは問題ありませんが、コピーして友人に渡す行為などはアプリの著作権の侵害になりますのでやめましょう。
ファイルの形式によってはコピープロテクトがかかっているものもありますが、プロテクトがかかっていないものもコピーしてはいけません。

### More　不正なアプリに注意！

スマホ用のアプリを入手できる代表的な公式マーケットには、iPhone用の「App Store」とAndroid用の「Google Play」があります。このうちApp Storeでは審査制度を取っていますが、Google Playでは審査が行われていないので、誰でもアプリを登録することができ、中には悪意のあるアプリもあります。
また、審査を行っているApp Storeでも、審査をすり抜けて悪意のあるアプリが登録されてしまった例もあります。
出会い系サイトへ誘導するアプリやスパイウェアが入っているアプリなど、悪意のあるアプリの種類は増えつつあります。
新しいアプリを導入する場合は、「利用者レビューをみる」「提供する会社を確認する」などして、信頼できるものであるかを確認する必要があります。また、導入後も随時情報をチェックするようにしましょう。

### More　子ども用と大人用のケータイやスマホの違い

今までに、子ども用のケータイやスマホを利用したことのある人も多いのではないでしょうか。子ども用のケータイやスマホは、発信や着信できる電話番号が制限されていたり、アクセスできるWebサイトが制限されていたり、基本的に保護者の監督下で利用できるようになっています。それに対して、一般のケータイやスマホは、すべてあなた自身が判断して使いこなすことが必要です。
ケータイやスマホの利用にも、ひとりの社会人としての良識が問われるのです。

情報化社会の　モラルとセキュリティ

適切な取り扱い　個人情報の

デジタル時代の　著作権

ネット社会に潜む　危険と対策

メールによる　コミュニケーション

Webによる　コミュニケーション

モバイル機器の　活用と管理

## Step3　もしスマホを紛失してしまったら？

もし、ケータイやスマホを紛失したら、あなたのショックは大きいかもしれませんが、それ以上に、あなたの友人に対しての被害の方が大きいかもしれません。もし紛失すると、どのようなことがおきる恐れがあるのでしょうか。事例を見ながら一緒に考えてみましょう。

### 事例

富士さんはサークルの飲み会の夜、少し飲み過ぎてしまいました。
良い気分で自宅に帰ったのはよかったのですが、朝起きるとスマホがなくなっていることに気が付きました。
お店や鉄道会社に連絡してみましたが、富士さんのスマホは見つかりませんでした。富士さんはショックでしたが、アドレス帳や画像などはパソコンのバックアップソフトでバックアップを取っていたので、いさぎよくあきらめて、新しいスマホを買いました。
それからしばらくして、富士さんは数人の友人から、「これまで全く来ていなかった迷惑メールが来るようになった」という話を聞きました。
また、富士さんが撮影した友人の画像が、インターネット上に出まわっているという連絡も、友人から受けてしまいました。中には、撮影後削除したはずの画像まで出まわっているようで、富士さんは訳がわかりません。

### 用語

**バイオメトリクス認証（生体認証）**
人間の身体的特徴を利用して、本人確認を行う認証方法。指紋・声道・静脈などが使われる。

**キャリア**
携帯電話接続業者やインターネット接続業者などのこと。

**キャッシュレス決済**
現金以外の手段で支払いや受取などの決済を行うこと。クレジットカードやICカード、スマホに設定されたアプリなどを利用する。

**ためしてみよう**

モバイル機器の管理方法について書かれた次の文章を読んで、正しいものには
○、正しくないものには×を付けましょう。

①モバイル機器のパスワードは忘れてしまってはいけないので、初期設定のまま
　にしておく方がよい。

②モバイル機器を紛失したときのために、GPSによって現在地を教えてくれる
　サービスがあるので、普段から利用方法を確認しておくとよい。

③モバイル機器のメールや画像を削除するときには、その機器の削除機能を使
　えば復元できないので安心である。

 **個人情報をはじめとする重要な情報が流出する恐れが！**

事例では、スマホを紛失したことから、個人情報や画像が流出してし
まったようでした。ケータイやスマホを紛失すると、ほかにも被害が発
生する恐れがあります。詳しく確認してみましょう。

### ●このような被害が発生する！

まずはケータイやスマホからの個人情報の流出が挙げられます。このよう
な情報は迷惑メールなどを送る業者にとって喉から手が出るほど欲
しい情報です。また、カメラ機能で撮影したプライベートな画像が出回
ると、友人の肖像権を侵害することにもなりかねません。その他、勝手
にケータイの通話を使われたり、各種サービスのログイン情報などを見
られたり、なりすまし投稿や電子マネーを使用されたりなど、何気なく
使っている機能がすべて悪用される可能性があります。

### ●被害に遭わないように気を付けるには？

まずは何といっても紛失しないことが第一です。飲み会やイベントのと
きなど、楽しくお酒が入る機会などは特に注意しましょう。また、移
動するときに必ず持っていることを確認することも有効です。
その他、日常的な対策と紛失時の対応のポイントは、次のとおりです。

#### 日常的な対策

・端末ロックの設定をする（パスワード・バイオメトリクス認証・ロック
　時間の設定・電子マネーの認証設定など）
・位置確認サービスや遠隔ロックをあらかじめ試しておく
・スマホ内部のデータを暗号化しておく

#### 紛失時の対応

**自分でできること**
・電話をかけてみる
・遠隔ロック
・位置確認サービス
・警察や遺失物係に連絡
・電子マネー会社などへの届出
・SNSなどのパスワード変更

**キャリアに連絡して対応すること**
・探索サービス
・端末ロック
・通話機能の停止

**More** モバイル機器やパソコン
の処分

モバイル機器を使わなくなったり、機種変更
したりするときに、不要になった機器はどう
していますか。
機種変更の場合は、各キャリアのショップで
引き取り対応をしています。目の前で物理
的に破壊してくれる場合もあります。
いらなくなった場合は、パソコンと同じよう
に、リサイクルの仕組みがあります。ケータイ
やスマホにも中古業者やリサイクル業者が
あります。
中古業者に販売する場合は、個人情報取得
を目的に中古の機器を探している人もいる
ことから、必ず専用ソフトなどでデータを完
全に削除しましょう。
リサイクルに関しては、ケータイやスマホは
「都会の金鉱」といわれることがあるぐらい、
再利用可能な金属が含まれています。その
ためリサイクルの推進が期待されています。
いずれにしても、手放す前に個人情報など
のデータを完全に削除する必要があります。
モバイル機器やパソコンのデータを完全に
削除するには、
①物理的に機器を破壊する
②記憶装置を専用のソフトで完全に上書き
　する
などがあります。

**More** バイオメトリクス認証の利用

バイオメトリクス認証は、パソコンやモバイル
機器での利用のほか、オフィスビルなどへ
の入出管理や銀行ATMなどでも利用され
ています。
最近では、キャッシュレス決済のアプリなど
をスマホで利用している人も増えています
が、そうしたアプリにもバイオメトリクス認証
を採用しているものがあります。
スマホ紛失時などに備え、適切に設定して
おくようにしましょう。

情報化社会の
モラルとセキュリティ

個人情報の
適切な取り扱い

デジタル時代の
著作権

ネット社会に潜む
危険と対策

メールによる
コミュニケーション

Webによる
コミュニケーション

モバイル機器の
活用と管理

第7章　モバイル機器の活用と管理

モバイル機器の普及とともに、外出先で手軽にインターネットが楽しめるように、公衆無線LANスポットが全国至るところに拡充しています。駅、空港、カフェ、ファストフードなど、身近な場所でインターネットを楽しめるというメリットがありますが、誰もが利用できるだけに危険な側面もあります。

最近、公衆無線LANスポットを利用し始めた山田さんは、あるトラブルに巻き込まれたようです。

**事例**

山田さんは、大学のレポートを駅前のカフェで書いていました。カフェは先月から、無線LANが使えるようになったからでした。家では、弟の友人が遊びに来て、レポート作成に集中できないのです。

この日もちょうど、カフェの無線LANを使って、レポート作成のため、インターネットで情報検索をしていました。パソコンには、友人との旅行の写真や動画がたくさん入っていましたが、特にセキュリティを意識せずに利用していました。

それからしばらくして、友人からインターネット上に山田さんが撮った写真や動画が公開されているので、自分が写っているものは削除して欲しいといわれました。

**用語** ・・・・・・・・・・・・・・・・・・・・・・・・・・・・・・・・・・・・・・・・・・・・・・・・

**セキュリティ対策**
OSやセキュリティソフトのアップデートなどを実施し、ウイルスなどの脅威から情報資産を守る対策の総称。

**ファイル共有機能**
あるネットワークに接続しているパソコン同士で、ひとつまたは複数のパソコンのファイルを共有する機能。

**Microsoft Windows Network**
Windowsにおける既定のネットワークサービスで、ファイル共有をしたり、ネットワークに接続しているプリンターを共用したりする。

## Let's Try　ためしてみよう

山田さんはパソコンに保存していた写真や動画を何者かに盗まれて悪用されてしまったようです。山田さんの行動について書かれた次の文章を読んで、正しいものには〇、正しくないものには✕を付けましょう。

①山田さんは店内にほかの人がいるにもかかわらず、インターネットを利用した。店内に人がいない間に利用すれば、このようなトラブルを防げた。

②このカフェを運営する企業は知名度が低く、山田さんはあまり詳しいことは知らなかった。信頼できる企業が運営する無線LANスポットを利用すれば、このようなトラブルを防げた。

③山田さんはファイル共有機能を有効にしたまま、無線LANスポットを利用した。ファイル共有機能を無効にしておけば、このようなトラブルを防げた。

## 🎓 ネットワーク探索やファイル共有機能は無効に

最近では、外出先で公衆無線LANを使用したり、自宅でも無線LANを使用したりする人が増えています。
無線LANでは、電波を使って情報をやり取りするため、有線LANより情報を盗み見られる危険性が高くなります。無線LANを利用するには、利用者自身が適切な情報セキュリティ対策をとることが必要です。
無線LAN回線に接続する際には、次の点に注意しましょう。

### ●Microsoft Windows Network上で見えないようにする
Windowsパソコン同士では、同一のネットワークに接続している相手がネットワーク上に見えてしまいます。

### ●ファイル共有機能を無効にする
公衆無線LANを利用するときに、ファイル共有機能が有効になっていると、同じ公衆無線LANを利用する他人から、パソコン内のファイルが盗み見られる危険性があります。

### ●情報の受信だけで発信は控える
多くの公衆無線LANスポットでは情報を暗号化していないため、通信内容が第三者に簡単に傍受される危険性があります。つまり、ログイン情報やクレジットカード情報が丸見えになっているのです。
公衆無線LANスポットでは、ホームページを閲覧したり検索したり、情報の受信だけにとどめ、ユーザーIDやパスワードを使ってWebサービスにログインするようなことをしなければ、トラブルに発展することを防止できます。どうしても大事な情報をやり取りしたい場合は、無線LANが暗号化されていることを確認してから行いましょう。

### ●接続しているアクセスポイントの確認
公衆無線LANスポットに正しいアクセスポイントになりすました偽のアクセスポイントを仕掛けて、そこからユーザーIDやパスワードを盗み出そうとする手口が発生しています。いつも利用しているアクセスポイントに接続したとしても、「証明書エラー」が表示された場合は接続はやめましょう。偽のアクセスポイントの危険性があります。

---

**More　Windowsの共有の詳細設定**

Microsoft Windows Network上で見えないようにする方法は、次のとおりです。
◆タスクバーの 🔳 を右クリック→《ネットワークとインターネットの設定を開く》→《状態》→《ネットワーク設定の変更》の《ネットワークと共有センター》→《共有の詳細設定の変更》→《◉ネットワーク探索を無効にする》

ファイル共有機能を無効にする方法は、次のとおりです。
◆タスクバーの 🔳 を右クリック→《ネットワークとインターネットの設定を開く》→《状態》→《ネットワーク設定の変更》の《ネットワークと共有センター》→《共有の詳細設定の変更》→《◉ファイルとプリンターの共有を無効にする》

**More　無線LANの暗号化の確認**

利用している無線LANが暗号化されているかどうかを確認する方法は、次のとおりです。
◆タスクバーの 🔳 を右クリック→《ネットワークとインターネットの設定を開く》→《状態》→《ネットワーク設定の変更》の《ネットワークと共有センター》→《アクティブなネットワークの表示》の《接続：》の名称をクリック→《ワイヤレスのプロパティ》→《セキュリティ》タブの《暗号化の種類》で暗号化方式を確認

情報化社会のモラルとセキュリティ

個人情報の適切な取り扱い

デジタル時代の著作権

ネット社会に潜む危険と対策

メールによるコミュニケーション

Webによるコミュニケーション

モバイル機器の活用と管理

**More　自宅で無線LANのアクセスポイントを設置するには**

家庭で無線LANを設置すると、対応するプリンターをスッキリ配線できたり、ゲーム機やタブレットで気軽にインターネットに接続できたりと、使い勝手が広がります。一方で、悪意のある人による家庭内ネットワークへの侵入や、さらには侵入したあとに家庭内のパソコンを乗っ取り、そこからインターネット上でスパム行為をするなど、危険性も高まっています。そのため、セキュリティをしっかり意識した利用が必要です。外部からアクセスできてしまうと、公衆無線LANと変わらないばかりか、さらに無防備な状態になってしまうのです。

家庭で無線LANを利用するためには、無線LANルーターやモバイルWi-Fiルーターなど、自分で無線LANのアクセスポイントを設置することが必要です。これらを一般的に「親機」と呼びます。一方、あなたが利用するパソコンやゲーム機、タブレットなどは「子機」と呼びます。家庭で無線LANを設置するときには、これらの親機、子機のそれぞれに適切な設定をしましょう。

自分で無線LANのアクセスポイントを設置する場合は、次の点に注意しましょう。

**●アクセスポイントの設定**

無線LANには、「WEP」「WPA」「WPA2」の3種類の暗号化方式があります。「WEP」は従来の暗号化方式で、現在では容易に解読される恐れがあるので安全ではありません。解読されにくい暗号化方式の「WPA」や「WPA2」を設定しましょう。また、その場合、類推されにくいパスワードを設定するようにしましょう。パスワードは子機のパソコンを通じて親機に設定します。詳しくは親機のマニュアルを確認しましょう。

**●SSIDの設定**

SSIDを初期設定のメーカー名や機種名のまま利用している場合は、SSIDの名称を変更しましょう。SSIDがメーカー名になっていると、そのメーカーのぜい弱性が発見された場合、攻撃される可能性があります。SSIDの名称を変更するときは、ほかの人の興味を引くような自分の名前などは設定しないようにしましょう。また、SSIDを設定していない子機や、SSIDにANYを設定している子機からはアクセスできてしまうことがあります。親機の設定を「ANYまたは空白を不可」に設定しましょう。SSIDの設定を初期設定から変更するには、子機のパソコンを通じて親機に設定します。詳しくは親機のマニュアルを確認しましょう。

**●MACアドレスフィルタリングを設定する**

接続する子機のMACアドレスを登録し、MACアドレスが登録されていない子機からはアクセスできないように設定しましょう。

MACアドレスを調べる方法は、次のとおりです。

◆タスクバーの［アイコン］を右クリック→《ネットワークとインターネットの設定を開く》→《状態》→《ネットワーク設定の変更》の《ネットワークと共有センター》→《アクティブなネットワークの表示》の《接続:》の名称をクリック→《詳細》→《物理アドレス》を確認

※物理アドレスに表示されている英数字がMACアドレスです。

※ゲーム機やタブレットなど、その他の機器のMACアドレスを調べる方法は、各機器のマニュアルを確認しましょう。

**●Wi-Fi自動設定対応機器を利用する**

無線LANの設定は多くの知識が必要だったり管理が手間だったりします。その問題を解決するためにWi-Fi自動設定の仕組みがあります。この仕組みに対応した親機と子機があれば、簡単に設定できるので、これから無線LANを導入する場合は、Wi-Fi自動設定対応機器を購入するとよいでしょう。Wi-Fi自動設定には、「WPS」「AOSS」「らくらく無線スタート」などがあります。

**●無線LANルーターをオフにする**

無線LANを利用しないときは、無線LANルーターやモバイルWi-Fiルーターはオフにしておきましょう。利用しないのにオンのままにしておくと、自分の知らない間に、ほかの人に悪用される可能性があります。

※詳細は、お使いの無線LANルーターやモバイルWi-Fiルーターのマニュアルを確認しましょう。

**More　個人向けVPNサービスの利用を検討する**

多くの公衆無線LANでは情報が暗号化されていないため、情報の傍受が簡単にできてしまいます。セキュリティ面を考慮すれば公衆無線LANの利用はできるだけ控えるのがベストですが、やむを得ず出先からWebサービスにアクセスしなければならないこともあるでしょう。

そうした際にぜひ活用して欲しいものが「個人向けVPNサービス」です。VPNとは「バーチャル・プライベート・ネットワーク」の略で、簡単に言えば、通信内容をすべて暗号化するものです。

個人向けVPNサービスは、あらかじめ専用のソフトをパソコンにインストールしておくだけで、パソコンからVPNサービス提供事業者のサーバまでの通信が暗号化されます。公衆無線LAN上も暗号化されているので、そこで傍受される心配はありません。パソコン用以外にも、サービスによってはMAC、iOS、Android用にも対応しているものもあるので、一度チェックしておくとよいでしょう。

**用語** ●●●●●●●●●●●●●●●●●●●●●●●●●●●●●●●●●●●●●●●●●●●●●●

**無線LANルーター**
無線LANのアクセスポイントを備えたインターネット接続機器。

**Wi-Fi**
無線LANの規格のひとつ。一般的に使われている。

**SSID**
無線LANルーターに接続するときのアクセスポイントを表す識別子。無線LANに接続する機器（子機）には、このSSIDを設定する必要がある。「Service Set Identifier」の略。

**MACアドレス**
出荷時に付与されるその機器独自のアドレス。

## Step1

① 解答 ✗

解説 「デジタル万引き」は法律に触れる行為ではありませんが、一般的な書店では、ルールとして禁止されていることが多いです。

② 解答 ✗

解説 私的利用の範囲内での撮影であれば著作権侵害には当たらないので、学校や講師の許可があれば撮影しても構いません。

③ 解答 ✗

解説 ②の撮影と同様に、講義の音声も私的利用の範囲内であれば録音できますが、学校や講師の許可を得るようにしましょう。

## Step2

① 解答 ◯

解説 一緒にいる人の中には、その場にいることを知られたくないと思っている人もいる可能性があるので、一緒にいることを投稿する際には確認が必要です。

② 解答 ◯

解説 自炊したファイルを他人に渡すと著作権の侵害になります。

③ 解答 ✗

解説 審査制度がないアプリのマーケットもあります。審査制度があっても不正なアプリなどが審査をすり抜けて提供されている場合もあります。

## Step3

① 解答 ✗

解説 モバイル機器の初期設定のパスワードは、購入後すぐに変更しましょう。

② 解答 ◯

解説 紛失したモバイル機器の現在地を教えてくれるサービスを行う通信会社もあるので、操作方法などを前もって確認しておくと、トラブルが発生したときにスムーズに対応できます。

③ 解答 ✗

解説 モバイル機器の一般的な削除機能だけでは、データは完全には消去されないこともあります。

## Step4

① 解答 ✗

解説 周りに人がいるかどうかは関係ありません。無線LANの電波は条件が良ければ数百メートル先まで届きます。薄い壁なら難なく通過します。自分の見えないところで無線LANに接続しているユーザーがいる可能性があります。

② 解答 ✗

解説 無線LANスポットを運営している企業や、閲覧先のWebサイトの企業が問題なのではなく、無線LANの仕組みそのものの問題です。

③ 解答 ◯

解説 ファイル共有機能の利用は、家庭内のLANに接続するときだけにして、公衆無線LANを利用するときは、ファイル共有機能を無効にします。

# Index 索 引

＜改訂3版＞
# 情報モラル＆情報セキュリティ
（FPT1921）

2020年 2月11日　初版発行
2021年 2月 4日　第2版発行

著作／制作：富士通エフ・オー・エム株式会社

発行者：山下　秀二

発行所：FOM出版（富士通エフ・オー・エム株式会社）
　　　　〒105-6891 東京都港区海岸1-16-1 ニューピア竹芝サウスタワー
　　　　https://www.fujitsu.com/jp/fom/

印刷／製本：アベイズム株式会社

# 📖 FOM出版のシリーズラインアップ

## 定番の よくわかる シリーズ

「よくわかる」シリーズは、長年の研修事業で培ったスキルをベースに、ポイントを押さえたテキスト構成になっています。すぐに役立つ内容を、丁寧に、わかりやすく解説しているシリーズです。

## 資格試験の よくわかるマスター シリーズ

「よくわかるマスター」シリーズは、IT資格試験の合格を目的とした試験対策用教材です。

■MOS試験対策

■情報処理技術者試験対策

ITパスポート試験 　　　　基本情報技術者試験

---